高等职业教育（本科）计算机类专业系列教材

Java轻量级框架技术与应用

主　编　王永强　崔瑞娟　孟祥佳
副主编　陈井霞　王雅珇　刘　岩
参　编　程　琳　赵海涛　吴丹丹

机械工业出版社

本书为 Java 企业项目开发提供指导，涉及 Java 企业项目的各方面开发技术，主要内容包括初识 Spring、Spring MVC 开发基础、Spring Boot 开发入门、Spring Boot 原理解读与配置、Spring Boot 数据访问与事务、Spring Boot 高并发和 Spring Boot 安全机制，并通过实际的操作案例，直观地介绍了 Java 企业项目的实现过程。本书从 Spring 的概念开始，深入浅出地讲解如何使用 Spring Boot 开发智慧信息管理系统，内容系统全面，可以帮助开发人员快速实现企业项目开发。

每个项目均采用任务驱动的模式，按照"项目导言"→"学习目标"→"任务"→"项目小结"→"课后习题"→"学习评价"的思路编写，任务明确，重点突出，简明实用。同时，本书按照学生能力形成与学习动机的发展规律进行目标结构、内容结构和过程结构的设计，使学生可以在较短的时间内快速掌握 Java 轻量级框架技术。在每个项目小结后都附有课后习题，供读者在课外巩固所学的内容。本书内容侧重实战，每个重要的技术都精心配置了实例，在学完技能点的详细内容后，读者可以通过实例进一步深入了解该技能的应用场景及实现效果，这种"技能点＋实例"的设置更易于记忆和理解，也为实际应用打下了坚实的基础。

本书可作为各类职业院校计算机及相关专业的教材，也可作为程序设计人员的参考用书。

本书配有电子课件、习题答案和源代码，选用本书作为授课教材的教师可登录机械工业出版社教育服务网（www.cmpedu.com）注册后免费下载，或联系编辑（010-88379194）咨询。本书还配有二维码视频，读者可扫码观看。

图书在版编目（CIP）数据

Java 轻量级框架技术与应用 / 王永强，崔瑞娟，孟祥佳主编. -- 北京：机械工业出版社，2024.11.
（高等职业教育（本科）计算机类专业系列教材）.
ISBN 978-7-111-76701-5

Ⅰ. TP312.8

中国国家版本馆 CIP 数据核字第 20247JL717 号

机械工业出版社（北京市百万庄大街22号　邮政编码100037）
策划编辑：李绍坤　　　　责任编辑：李绍坤
责任校对：王荣庆　张亚楠　封面设计：马精明
责任印制：张　博
北京建宏印刷有限公司印刷
2025 年 1 月第 1 版第 1 次印刷
184mm×260mm・14.25 印张・329 千字
标准书号：ISBN 978-7-111-76701-5
定价：47.00 元

电话服务　　　　　　　　　　网络服务
客服电话：010-88361066　　　机　工　官　网：www.cmpbook.com
　　　　　010-88379833　　　机　工　官　博：weibo.com/cmp1952
　　　　　010-68326294　　　金　书　网：www.golden-book.com
封底无防伪标均为盗版　　　机工教育服务网：www.cmpedu.com

前言

Spring 进入开发领域已经 20 多年了，它的基本使命是使 Java 应用的开发更容易。最初，这意味着它会提供一个轻量级的 EJB 2.x 替代方案，但这只是 Spring 的序幕。多年来，Spring 将其简化开发的使命扩展到了它所面临的各种挑战上，包括持久化、安全性、集成和云计算等。尽管 Spring 在实现和简化企业级 Java 开发方面已走过了 20 多年时间，但它丝毫没有显示出发展速度放缓的迹象。Spring 在继续迎接 Java 开发的挑战，无论是创建部署在传统应用服务器上的应用，还是创建部署在云端 Kubernetes 集群上的容器化应用程序。随着 Spring Boot 开始提供自动配置、依赖注入和运行时监控等功能，现在已成为 Spring 开发者的理想选择。

本书是 Java 企业级项目开发指南，即使是 Java 框架新手，也能跟随本书轻松学习处理数据、保证应用安全，以及管理应用配置等内容，并探索将 Spring 应用与其他应用程序集成的方法。在本书的末尾，将会介绍如何使用 Spring Boot 的安全机制，并介绍各种权限管理方案。

本书的特点：

本书从不同的视角对 Java 企业级项目开发进行知识和案例的讲解，包括 Spring 依赖注入、Spring MVC 进阶、拦截器的使用、Spring Boot 原理解读与配置、智慧信息管理系统的部门管理、智慧信息管理系统的缓存配置和智慧信息管理系统的权限管理等，以帮助读者提高实际开发水平和项目能力。

全书知识点的讲解由浅入深，结构条理清晰，同时保持了整本书的知识深度。每个项目都按照项目导言、学习目标、任务、项目小结、课后习题和学习评价的思路编写。其中，项目导言通过实际情景引入本项目学习的主要内容，学习目标对本项目内容的学习提出要求，任务对当前任务进行概述、对当前任务所需知识进行讲解、对当前任务进行具体的实现，项目小结对本项目学习内容进行总结，课后习题帮助读者进行练习，学习评价帮助读者检测是否掌握了本项目的相关技能。

本书的主要内容：

本书共 7 个项目。项目 1 讲述了什么是 Spring、Spring 依赖注入和 Spring 中的 AOP。项目 2 详细介绍了 Spring MVC 开发基础，包含初识 Spring MVC、Spring MVC 进阶、拦截器的使用、文件上传和下载等。项目 3 详细介绍了 Spring Boot 开发入门知识，包括 Spring Boot 程序初识、Spring Boot 程序探究。项目 4 详细介绍了 Spring Boot 原理解读与配置，包括智慧信息管理系统的基础配置、智慧信息管理系统的自定义配置。项目 5 详细介绍了 Spring Boot 数据访问与事务，包括智慧信息管理系统的部门管理、智慧信息管理系统的角色管理。项目 6 详细介绍了 Spring Boot 高并发，包括智慧信息管理系统的资产采购、智慧信息管理系统的缓存配置。项目 7 详细介绍了 Spring Boot 安全机制，包括智慧信息管理系统的登录认证、智慧信息管理系统的权限管理。

教学建议：

项　　目	动手操作学时	理论学时
项目 1　初识 Spring	3	3
项目 2　Spring MVC 开发基础	3	3
项目 3　Spring Boot 开发入门	3	3
项目 4　Spring Boot 原理解读与配置	3	3
项目 5　Spring Boot 数据访问与事务	3	3
项目 6　Spring Boot 高并发	3	3
项目 7　Spring Boot 安全机制	3	3

本书由哈尔滨职业技术大学王永强、浪潮集团崔瑞娟和山东青年政治学院孟祥佳担任主编，哈尔滨职业技术大学陈井霞、滨州职业学院王雅玥和山东胜利职业学院刘岩担任副主编。其中，王永强和崔瑞娟负责本书的整体策划、组织、沟通协调和统稿工作，并编写本书的项目 1、项目 2 和项目 3，孟祥佳负责编写本书的项目 4 和项目 5，陈井霞、王雅玥和刘岩负责编写本书的项目 6 和项目 7。另外，参与本书编写的还有山东职业学院程琳、山东服装职业学院赵海涛和济南工程职业技术学院吴丹丹，他们进行了本书的审稿和修改工作。

由于编者水平有限，书中难免出现疏漏或不足之处，敬请读者批评指正。

编　者

二维码索引

序号	名称	图形	页码	序号	名称	图形	页码
1	1-1		006	8	3-1		070
2	1-2		016	9	4-1		108
3	1-3		024	10	6-1		171
4	2-1		035	11	6-2		195
5	2-2		042	12	7-1		202
6	2-3		047	13	7-2		211
7	2-4		057				

目 录

前言
二维码索引

项目 1　初识 Spring　　// 001

项目导言　// 001
学习目标　// 001
任务1　认识Spring　// 002
任务2　Spring依赖注入　// 009
任务3　Spring中的AOP　// 017
项目小结　// 027
课后习题　// 028
学习评价　// 029

项目 2　Spring MVC 开发基础　　// 031

项目导言　// 031
学习目标　// 031
任务1　初识Spring MVC　// 032
任务2　Spring MVC进阶　// 039
任务3　拦截器的使用　// 044
任务4　文件上传和下载　// 054
项目小结　// 065
课后习题　// 065
学习评价　// 066

项目 3　Spring Boot 开发入门　　// 067

项目导言　// 067
学习目标　// 067
任务1　Spring Boot程序初识　// 068
任务2　Spring Boot程序探究　// 076
项目小结　// 090
课后习题　// 090
学习评价　// 091

项目 4　Spring Boot 原理解读与配置　//093

项目导言　//093
学习目标　//093
任务1　智慧信息管理系统的基础配置　//094
任务2　智慧信息管理系统的自定义配置　//109
项目小结　//121
课后习题　//121
学习评价　//122

项目 5　Spring Boot 数据访问与事务　//123

项目导言　//123
学习目标　//123
任务1　智慧信息管理系统的部门管理　//124
任务2　智慧信息管理系统的角色管理　//141
项目小结　//161
课后习题　//161
学习评价　//162

项目 6　Spring Boot 高并发　//163

项目导言　//163
学习目标　//163
任务1　智慧信息管理系统的资产采购　//164
任务2　智慧信息管理系统的缓存配置　//189
项目小结　//197
课后习题　//197
学习评价　//198

项目 7　Spring Boot 安全机制　//199

项目导言　//199
学习目标　//199
任务1　智慧信息管理系统的登录认证　//200
任务2　智慧信息管理系统的权限管理　//207
项目小结　//217
课后习题　//217
学习评价　//218

参考文献　//219

项目 1

初识 Spring

项目导言

在当下的互联网应用中，业务体系发展日益复杂，同时业务功能的开发往往伴随着需求的不断变化。以管理系统为例，与5年前的同类业务系统相比，其承载的业务功能复杂度以及快速迭代要求的开发速度，面临着诸多新的挑战。这些挑战中核心的一点就是快速高效地实现系统功能，同时保证代码持续可维护，这是一个非常现实且亟待解决的问题。面对这样的挑战，仍需要保持开发过程的简单性，而这种简单性很大程度上来自开发框架。对于Java EE领域而言，Spring无疑是当下主流的开发框架。本项目将通过3个任务的讲解，来介绍Spring的入门知识。

学习目标

➢ 了解Spring的优点；
➢ 熟悉Spring的下载安装与结构目录；
➢ 熟悉Spring的控制反转与Bean注入方式；
➢ 了解Spring中AOP的概念；
➢ 熟悉Spring中AOP的使用方法；
➢ 具备Spring相关依赖的下载的能力；
➢ 具备创建Spring项目的能力；
➢ 具备使用Spring中Bean注入方式的能力；
➢ 具备使用Spring进行面向切面编程的能力；
➢ 具备使用XML进行配置的能力；
➢ 具备精益求精、坚持不懈的精神；
➢ 具有独立解决问题的能力；
➢ 具备灵活的思维和处理分析问题的能力；
➢ 具有责任心。

任务1 认识Spring

任务描述

Spring是2003年兴起的一个轻量级的Java开源框架,由Rod Johnson在其著作*Expert One-On-One J2EE Development and Design*中阐述的部分理念和原型衍生而来。Spring是为了解决企业应用开发的复杂性而创建的,它使用基本的JavaBean来完成以前只可能由EJB完成的事情。然而,Spring的用途不仅限于服务器端的开发。从简单性、可测试性和松耦合的角度而言,任何Java应用都可以从Spring中受益。

知识准备

一、Spring概述

1. 什么是Spring

Spring是一款流行的开源应用程序框架,它提供了一种简单的编程模型和丰富的特性,可以帮助开发者构建高效的企业级应用程序。Spring框架的核心是IoC(Inversion of Control)和AOP(Aspect Oriented Programming)容器,它们可以帮助开发者实现松耦合和面向切面的编程,从而使得应用程序更加易于测试和维护。Spring框架还提供了许多其他特性。例如,数据访问支持、Web应用程序开发、事务管理、安全性、日志记录和远程访问等,这些特性可以与其他框架或技术(例如,Hibernate、Struts和JSF等)联合使用,提升应用程序的效率和灵活性。

Spring是一个全面的解决方案,但它坚持一个原则:不重新造轮子。已经有较好解决方案的领域,Spring绝不做重复性的实现,例如,对象持久化和OR映射,Spring只是对现有JDBC、Hibernate和JPA等技术提供支持,使之更易用,而不是重新做一个实现。

Spring框架的图标如图1-1所示。

图1-1 Spring框架的图标

2. Spring模块

Spring依然在不断地发展和完善,但基础与核心的部分已经相当稳定,包括Spring的依赖注入容器、AOP实现和对持久化层的支持。Spring框架组成如图1-2所示。其中最基础的是Spring Core,即Spring作为依赖注入容器的部分。Spring AOP是基于Spring Core的,典型的一个应用即声明式事务。Spring DAO对JDBC提供了支持,简化了JDBC编码,同时使代码更健壮。Spring ORM部分对Hibernate等OR映射框架提供了支持。Spring可以在Java SE中使用,也可以在Java EE中使用,Spring Context为企业级开发提供了便利和集成的工具。

图1-2　Spring框架组成

组成Spring框架的每个模块（或组件）都可以单独存在，或者与其他一个或多个模块联合实现。每个模块的功能如下：

1）Spring Core（核心）容器：核心容器提供Spring框架的基本功能。核心容器的主要组件是BeanFactory，它是工厂模式的实现。BeanFactory使用控制反转（IoC）模式将应用程序的配置和依赖性规范与实际的应用程序代码分开。核心容器模块在Spring的功能体系中起着支撑性作用，是其他模块的基石。核心容器层主要由Beans模块、Core模块、Context模块和SpEL模块组成。

① Beans模块。它提供了BeanFactory类，是工厂模式的经典实现，Beans模块的主要作用是创建和管理Bean对象。

② Core模块。它提供了Spring框架的基本组成部分，包括IoC和DI功能。

③ Context模块。它构建于Beans模块和Core模块的基础之上，可以通过ApplicationContext接口提供上下文信息。

④ SpEL模块。它是Spring 3.0后新增的模块，提供了对Spring表达式语言（Spring Expression Language）的支持。SpEL是一个在程序运行时支持操作对象图的表达式语言。

2）Spring Context（上下文）：Spring上下文是一个配置文件，向Spring框架提供上下文信息。Spring上下文包括企业服务，例如，JNDI、EJB、电子邮件、国际化、校验和调度功能。

3）Spring AOP：通过配置管理特性，Spring AOP模块直接将面向切面的编程功能集成到了Spring框架中。所以，可以很容易地使Spring框架管理的任何对象支持AOP。Spring AOP模块为基于Spring的应用程序中的对象提供了事务管理服务。通过使用Spring AOP，不用依赖EJB组件就可以将声明性事务管理集成到应用程序中。

4）Spring DAO：JDBC DAO抽象层提供了有意义的异常层次结构，可用该结构来管理异常处理和不同数据库供应商抛出的错误消息。异常层次结构简化了错误处理，并且极大地降低了需要编写的异常代码数量（例如，打开和关闭连接）。Spring DAO的面向JDBC的异常遵从通用的DAO异常层次结构。

5）Spring ORM：Spring框架插入了若干个ORM框架，从而提供了ORM的对象关系工具，其中包括JDO、Hibernate和iBatis SQL Map。所有这些都遵从Spring的通用事务和DAO异常层次结构。

6）Spring Web模块：Web模块建立在应用程序上下文模块之上，为基于Web的应用程序提供了上下文。所以，Spring框架支持与Jakarta Struts的集成。Web模块还简化了处理多部分请求以及将请求参数绑定到域对象的工作。

7）Spring MVC框架：MVC框架是一个全功能的构建Web应用程序的MVC实现。通过策略接口，MVC框架变成高度可配置的。MVC容纳了大量视图技术，其中包括JSP、Velocity、Tiles、iText和POI。

3. Spring的优点

Spring是一个开源框架，是为了解决企业应用程序开发的复杂性而创建的。框架的主要优势之一就是其分层架构，分层架构允许用户选择使用哪一个组件，同时为J2EE应用程序开发提供集成的框架。总结起来，Spring具有以下优点：

1）提供了一个一致的编程模型。
2）旨在促进代码重用。
3）旨在促进面向对象的设计。
4）致力于培养良好的编程习惯，例如，用接口编程。
5）改进了从Java代码中提取配置值到XML或者属性文件中的方法。

在项目中引入Spring可以带来的好处如下：

1）降低组件之间的耦合度，实现软件各层之间的解耦。
2）可以使用容器提供的众多服务，例如，事务管理服务、消息服务等。当使用容器管理事务时，开发人员就不再需要手工控制事务，也不需处理复杂的事务传播。
3）容器提供单例模式支持，开发人员不再需要自己编写实现代码。
4）容器提供了AOP技术，利用它很容易实现如权限拦截、运行期监控等功能。
5）容器提供了众多辅助类，使用这些类能够加快应用程序的开发，例如，JdbcTemplate、HibernateTemplate。
6）Spring对于主流的应用框架提供了集成支持，例如，集成Hibernate、JPA和Struts等，这样更便于应用程序的开发。

二、Spring加载方式

Spring的依赖管理是一个非常重要的概念，它可以帮助用户更好地管理应用程序中的依赖关系。在Spring中，可以使用Maven或者Gradle等构建工具来管理依赖关系。这些构建工具可以自动下载所需的jar文件，并将其添加到类路径中。这样，就可以在应用程序中使用Spring提供的依赖注入等功能了。

如果使用Spring，需要获得Spring的jar包，其中要包括需要使用的Spring的模块。为了使用便捷，Spring被打包成各个模块的集合，尽可能地分离其中的相互依赖，如果不想编写

Web应用程序，就不需要添加Spring Web模块的jar包。通常，Spring在四个不同的地方发布组件：

1）在社区下载点可以找到所有的Spring jar包，它们被压缩到一个zip文件中，可以自由下载。这里jar包的命名从3.0版本开始，都采取了"org.springframework.*-<version>.jar"格式。

2）Maven的中央库是Maven默认的资源检索中心，它不需要特别的配置即可使用，支持访问和下载众多Java项目，包括Spring框架所依赖的常用类库。开发者可以很方便地从Maven中央库中获取所需的依赖项，以构建和管理Java项目。同时Spring社区的绝大多数用户都使用Maven作为依赖管理工具，这里的jar包的命名格式是"spring-*-<version>.jar"，并且Maven里的groupId是org.springframework。

3）企业级资源库（Enterprise Bundle Repository，EBR）是由SpringSource组织运营的，同时提供了和Spring整合的所有类库。对于所有Spring的jar包及其依赖，这里也有Maven和Ivy的资源库，同时这里还有很多开发人员在使用Spring编写应用程序时能用到的其他大量常用类库。而且，发布的版本、里程碑版本和开发版本也都部署在这里。这里jar文件的命名规则和从社区下载的"org.springframework,*-<version>.jar"一致，并且所依赖的外部类库（不是来自SpringSource的）也是使用这种"长命名"的形式，并以com.springsource作为前缀。

4）Amazon S3为开发版本和里程碑版本发布（最终发布的版本这里也会有）而设置的公共Maven资源库。jar文件的名称和Maven中央库是一样的，这里是获取Spring开发版本的地方，其他的类库是部署在Maven中央库中的。

三、管理Spring的依赖关系

尽管Spring提供了对整合的支持，以及对大量企业级应用及其外部工具的支持，但在实际中，可以简单地使用定位并下载大量的jar包来使用Spring。对于基本的依赖注入只需要一个必需的外部依赖，就是日志。

如果使用的是Maven，可以在pom.xml文件中添加以下内容来管理Spring的依赖关系，代码如下：

```xml
<dependencies>
    <dependency>
        <groupId>org.springframework</groupId>
        <artifactId>spring-context</artifactId>
        <version>5.3.10</version>
    </dependency>
</dependencies>
```

如果使用的是Gradle，可以在build.gradle文件中添加以下内容来管理Spring的依赖关系：

```
dependencies {
    implementation 'org.springframework:spring-context:5.3.10'
}
```

任务实施

扫码观看视频

本任务主要是使用IntelliJ IDEA搭建一个基本的Spring应用程序。

第一步：单击"New Project"创建项目，效果如图1-3所示。

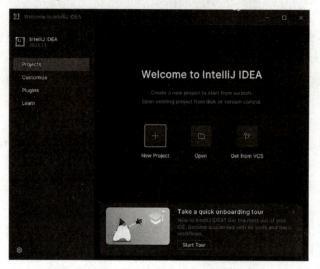

图1-3 单击"New Project"创建项目

第二步：在左侧的选项中选择"New Project"，然后在右边选择合适的项目位置，输入项目名称"chapter01"，构建方式选择"Maven"，最后单击下方的"Create"按钮，效果如图1-4所示。

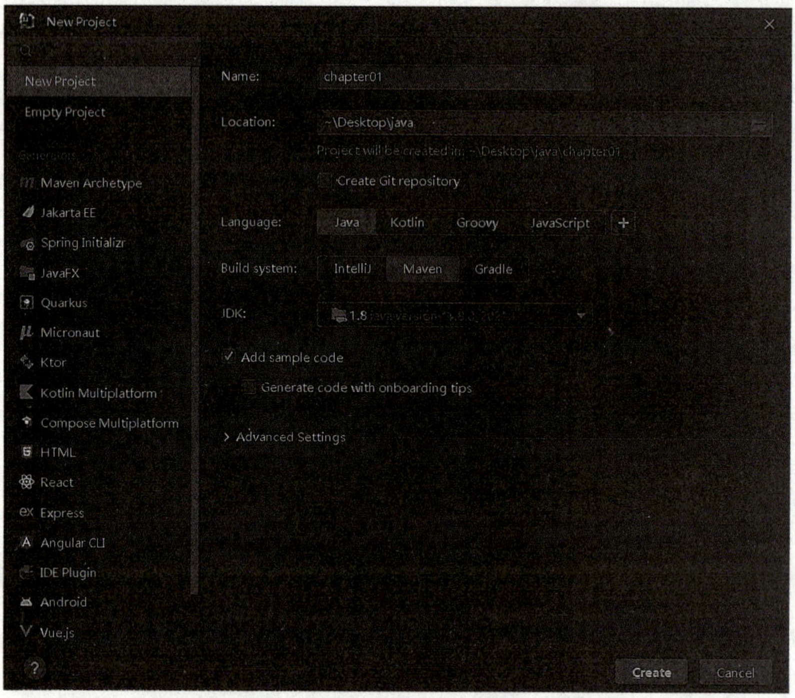

图1-4 创建Maven项目

第三步：返回 IntelliJ IDEA工作区，会发现Maven项目创建完成，其目录结构如图1-5所示。

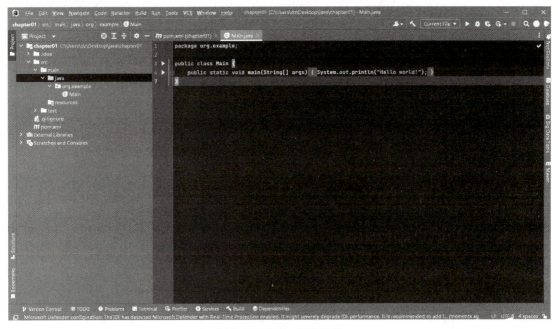

图1-5 Maven目录结构

第四步：此时运行Main.java，在控制台会输出"Hello world!"，效果如图1-6所示。

图1-6 输出"Hello world!"效果图

第五步：在pom.xml文件中添加Spring的依赖。例如，要使用Spring框架的核心功能，可以添加以下依赖：

```xml
<dependency>
    <groupId>org.springframework</groupId>
    <artifactId>spring-context</artifactId>
    <version>5.3.10</version>
</dependency>
```

第六步：配置好Spring依赖之后，在src→main→java目录下创建一个User类，类中包含名字属性及其get Name和set Name方法，再添加一个show方法，代码如下。

```java
public class User {
    private String name;

    public String getName() {
        return name;
    }

    public void setName(String name) {
        this.name = name;
    }

    public void show() {
        System.out.println("name:" + name);
    }
}
```

第七步：在resources下面新建beans.xml，在其中配置user的信息，设定user的姓名，这里设置user的名字为"张三"，代码如下。

```xml
<!--bean = 对象-->
    <!--id = 变量名-->
    <!--class = new的对象-->
    <!--property 相当于给对象中的属性设值-->
    <!--value: 具体的值，基本数据类型-->

<bean id="user" class="org.example.User">
    <property name="name" value="张三"></property>
</bean>
```

第八步：在src→test→java目录下创建一个测试类Test进行测试，代码如下。

```java
import org.example.User;
import org.springframework.context.ApplicationContext;
import org.springframework.context.support.ClassPathXmlApplicationContext;

public class Test {
    public static void main(String[] args) {
```

```
        ApplicationContext context = new ClassPathXmlApplicationContext("beans.xml");
        User user = (User) context.getBean("user");
        user.show();
    }
}
```

第九步：单击运行,查看运行结果,输出在bean中配置的名字"张三",效果如图1-7所示。

图1-7 输出"张三"效果图

任务2 Spring依赖注入

任务描述

Spring的核心是提供了容器(Container),通常被称为Spring应用上下文(Spring Application Context),用于创建和管理应用的组件。这些组件也可以称为Bean,会在Spring应用上下文中装配在一起,从而形成一个完整的应用程序,这类似于砖块、砂浆、木材、管道和电线组合在一起,形成一栋房子。借助组件扫描技术,Spring能够自动发现应用类路径下的组件,并将它们创建成Spring应用上下文中的Bean。借助自动装配技术,Spring能够自动为组件注入它们所依赖的其他Bean。

知识准备

一、Spring控制反转

Spring是一个开源的控制反转（Inversion of Control，IoC）和面向切面编程（AOP）的容器框架。它的主要目的是简化企业开发。

1. IoC

控制反转（也称作依赖性介入）不创建对象，但是描述创建它们的方式。在代码中不直接与对象和服务连接，但在配置文件中描述哪一个组件需要哪一项服务。容器（在Spring框架中是IoC容器）负责将这些联系在一起。

在典型的IoC场景中，容器创建了所有对象，并设置必要的属性将它们连接在一起，决定什么时间调用方法。IoC的实现模式见表1-1。

表1-1 IoC的实现模式

类型	实现模式
类型1	服务需要实现专门的接口，通过接口，由对象提供服务，可以从对象查询依赖性（例如，需要的附加服务）
类型2	通过JavaBean的属性（例如，setter方法）分配依赖性
类型3	依赖性以构造函数的形式提供，不以JavaBean属性的形式公开

Spring框架的IoC容器采用类型2和类型3实现。

2. IoC容器

Spring的一个核心特性是IoC，其实现方式称为依赖注入（Dependency Injection，DI），它的基本思想是将对象的创建、管理和依赖关系的处理从业务逻辑中分离出来，交由IoC容器来完成。在Spring容器中，对象是由容器来创建、管理和注入到调用方中的。通过IoC容器，开发者可以将组件解耦、降低依赖性和提高模块化。

Spring Framework为开发者提供了两种类型的IoC容器：BeanFactory和ApplicationContext。其中，BeanFactory是IoC容器的基础接口，而ApplicationContext是BeanFactory的扩展。ApplicationContext支持BeanFactory所支持的所有功能，并且还提供了其他一些强大特性，例如，AOP、事件传播、国际化和资源访问等。

在Spring容器中，开发者首先需要定义一个或多个Bean，然后将这些Bean注册到IoC容器中。Spring容器负责管理这些Bean的生命周期、依赖关系和作用域。开发者可以使用Spring的XML配置、注解和Java代码来完成Bean的定义操作。在整个应用程序的运行期间，容器会自动处理Bean的创建、销毁和注入等任务。通过IoC容器，开发者可以解耦实现类之间的依赖关系，让应用程序更加灵活、可维护和可扩展。

二、Bean注入方式

依赖注入是由IoC容器在运行期间动态地将某种依赖资源注入对象之中。例如，将对象

B注入（赋值）给对象A的成员变量。依赖注入的基本思想是：明确地定义组件接口，独立开发各个组件，然后根据组件的依赖关系组装运行。

在Spring中，依赖注入的作用就是在使用Spring框架创建对象时，动态地将其所依赖的对象注入Bean组件中。有三种主要的Bean注入方式：构造函数注入、Setter方法注入和字段注入。这三种注入方式都是基于IoC容器来完成的。

1. 构造函数注入

构造函数注入是指Spring容器调用构造函数注入被依赖的实例，构造函数可以是有参的或者是无参的。Spring在读取配置信息后，会通过反射方式调用实例的构造函数，如果是有参构造函数，可以在构造函数中传入所需的参数值，最后创建类对象。

通过构造函数注入，需要在Bean定义时指定Bean所需的依赖关系。Spring IoC容器会在创建Bean时自动调用对应的构造函数，并将所需的依赖关系作为参数传递进去。代码如下。

```java
public class ExampleBean {
    private final Dependency dependency;

    public ExampleBean(Dependency dependency) {
        this.dependency = dependency;
    }
}

<bean id="exampleBean" class="com.example.ExampleBean">
    <constructor-arg ref="dependency" />
</bean>
```

说明：<constructor-arg>元素表示构造方法的一个参数，且定义时不区分顺序，只需要通过<constructor-arg>元素的name属性指定参数即可。<constructor-arg>元素还提供了type属性类指定参数的类型，避免字符串和基本数据类型的混淆。

2. Setter方法注入

Setter方法注入是Spring最主流的注入方法，这种注入方法简单、直观，它是在被注入的类中声明一个Setter方法，通过Setter方法的参数注入对应的值。

通过Setter方法注入，需要在Bean定义中指定Bean所需的依赖关系，并且为Bean定义对应的Setter方法。Spring IoC容器会在创建Bean后自动调用Bean的Setter方法，并将所需的依赖关系作为方法参数传递进去。代码如下。

```java
public class ExampleBean {
    private Dependency dependency;

    public void setDependency(Dependency dependency) {
        this.dependency = dependency;
    }
}
```

```
    }
<bean id="exampleBean" class="com.example.ExampleBean">
    <property name="dependency" ref="dependency" />
</bean>
```

3. 字段注入

通过字段注入，需要在Bean定义中指定Bean所需的依赖关系，并将依赖关系标记为@Autowired或@Resource等注解。Spring IoC容器会自动扫描Bean中所有需要注入的字段，并将所需的依赖关系自动注入进去。代码如下。

```
public class ExampleBean {
    @Autowired
    private Dependency dependency;
}

<bean id="exampleBean" class="com.example.ExampleBean">
</bean>
```

无论哪种注入方式，都需要在Bean定义中指定所需的依赖关系，并将依赖关系提供给Spring IoC容器进行注入。

三、Bean作用域

1. Bean作用域概述

Bean的作用域定义了Bean在使用它的上下文中的生命周期和可见性。Spring框架的最新版本定义了六种作用域：singleton、prototype、request、session、application和websocket。其中，后四种作用域仅在Web感知应用程序中可用。

1）singleton作用域。当一个Bean的作用域设置为singleton时，Spring IoC容器中只会存在一个共享的Bean实例，并且所有对Bean的请求，只要id与该Bean定义匹配，就只会返回Bean的同一实例。即Spring IoC容器只会创建该Bean定义的唯一实例，这个单一实例会被缓存到单例缓存中，并且所有针对该Bean的后续请求和引用都将返回被缓存的对象实例。

singleton作用域是默认的作用域，适用于那些需要在整个应用程序中共享的对象，例如，数据库连接池、线程池等。在使用singleton作用域时，可能存在线程安全的问题，需要注意并发访问的情况。

2）prototype作用域。prototype作用域部署的Bean，每次请求（将其注入另一个Bean中，或者以程序的方式调用容器的getBean()方法）都会产生一个新的Bean实例，相当于一个new操作。对于prototype作用域的Bean，有一点非常重要，那就是Spring不能对一个prototype Bean的整个周期负责，容器在初始化、配置、装饰或者装配完一个prototype实例后，将它交给客户端，随后就对该prototype实例不闻不问了。不管何种作用域，容器都会调用所有对象的初始化生命周期回调方法，而对prototype而言，任何配置好的析构生命周期回调方法都不会被调用。清除prototype作用域的对象并释放任何prototype Bean所持有的昂贵资源，是客户端代码的职责（让Spring容器释放被prototype作用域Bean占用资源的一种可行方式是，使用Bean的后置处理器，该处理器持有要被清除的Bean的引用）。

prototype作用域适用于那些需要在每次请求时都重新初始化的对象，例如，请求参数封装类、临时计算结果等。在使用prototype作用域时，每次获取实例时都会创建新的对象，不会存在线程安全的问题。

3）request作用域。request表示针对每一次HTTP请求都会产生一个新的Bean，同时该Bean仅在当前HTTP request内有效。

request、session和global session使用的时候，要在初始化Web应用的web.xml文件中做如下配置：如果使用的是Servlet 2.4及以上的Web容器，那么仅需要在Web应用的web.xml文件中增加ContextListener即可。

4）session作用域。session作用域表示针对每一次HTTP请求都会产生一个新的Bean，同时该Bean仅在当前HTTP session内有效。

5）application作用域。application作用域是全局作用域，在这个作用域中，Bean的生命周期与ServletContext的生命周期绑定。ServletContext是Web应用程序的上下文，它在Web应用启动时被创建，并在Web应用停止时被销毁。因此，application作用域的Bean在整个Web应用的生命周期内都是有效的，并且对于应用中的所有用户都是可见的。application作用域主要适合存储那些需要在整个Web应用范围内共享的数据，比如应用的配置信息、全局缓存、统计数据等。

6）websocket作用域。websocket作用域是Spring框架为了支持WebSocket通信而引入的一个特殊作用域。在WebSocket通信中，客户端和服务器之间建立了一个持久的连接，允许双方进行双向通信。每个WebSocket会话都对应一个独立的连接，并且可以有自己的会话状态和数据。

websocket作用域的Bean就是为这个目的而设计的。它为每个WebSocket会话创建一个新的Bean实例，并且这个实例在WebSocket会话的生命周期内有效。这样，WebSocket会话就可以拥有自己的会话状态和数据，而不会与其他会话混淆。这对于实现基于WebSocket的聊天应用、实时通知系统等场景非常有用。

2. singleton作用域和prototype作用域示例

singleton作用域和prototype作用域是Spring框架中两种常用的Bean作用域。

在使用singleton作用域时，可以通过在组件类上添加@Scope("singleton")注解来明确指定作用域。而在使用prototype作用域时，可以通过在组件类上添加@Scope("prototype")注解来明确指定作用域。

Bean的作用域通过<bean>元素的scope指定，代码如下。

```
<bean class="singleandprodemo.demo.Bean2" id="bean2" scope="singleton"/>
```

在代码中，scope是作用域元素，可以指定Bean作用域中的6种作用域。

需要注意的是，当singleton作用域的Bean依赖prototype作用域的Bean时，每次获取singleton实例时，prototype实例不会重新创建。为了解决这个问题，可以使用Scoped Proxy来实现。

singleton作用域适用于需要在整个应用程序中共享的对象，prototype作用域适用于需要在每次请求时都重新初始化的对象。根据实际需求，选择合适的作用域可以更好地管理对象的生命周期和可见范围。

【示例】演示singleton作用域和prototype作用域

首先，创建一个名为SingletonBean的类，使用@Component注解将其标记为一个组件，并将作用域设置为singleton。

```
@Component
@Scope("singleton")
public class SingletonBean {
    private int count = 0;

    public void increment() {
        count++;
    }

    public void showMessage() {
        System.out.println("Singleton Bean: Count =" + count);
    }
}
```

然后，创建一个名为PrototypeBean的类，使用@Component注解将其标记为一个组件，并将作用域设置为prototype。

```
@Component
@Scope("prototype")
public class PrototypeBean {
    private int count = 0;

    public void increment() {
        count++;
    }

    public void showMessage() {
        System.out.println("Prototype Bean: Count = " + count);
    }
}
```

接下来，创建一个名为Main的类，使用@Autowired注解将SingletonBean和PrototypeBean注入进来，并进行测试。

```
@Component
public class Main {
```

```
    @Autowired
    private SingletonBean singletonBean;

    @Autowired
    private PrototypeBean prototypeBean;

    public void run() {
        // SingletonBean
        singletonBean.increment();
        singletonBean.showMessage();

        // PrototypeBean
        prototypeBean.increment();
        prototypeBean.showMessage();

        // PrototypeBean
        prototypeBean.increment();
        prototypeBean.showMessage();

        // SingletonBean
        singletonBean.increment();
        singletonBean.showMessage();
    }
}
```

最后,在应用程序的入口处,创建一个ApplicationContext对象,并使用getBean()方法获取Main实例,然后调用run()方法。

```
public class Application {
    public static void main(String[] args) {
        ApplicationContext context = new AnnotationConfigApplicationContext(AppConfig.class);
        Main main = context.getBean(Main.class);
        main.run();
    }
}
```

运行应用程序,输出结果如图1-8所示。

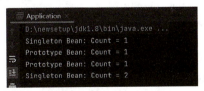

图1-8 输出结果

可以看到,SingletonBean是一个单例,每次调用increment()方法后,count的值会被保留下来。而PrototypeBean是一个原型,每次调用increment()方法后,count的值会被重新初始化。

这个示例展示了singleton作用域和prototype作用域的不同行为。singleton作用域的Bean在整个应用程序中只有一个实例，而prototype作用域的Bean每次获取都会创建一个新的实例。

任务实施

扫码观看视频

第一步：编写DAO层。创建接口UserDao.java，在UserDao.java接口中添加方法login()，用于实现登录功能，代码如下。

```java
public interface UserDaoImpl {
    public boolean login(String name,String password);
}
```

第二步：编写DAO层的实现类。创建UserDaoImpl接口的实现类UserDao，在UserDaoImpl类中实现login()方法，代码如下。

```java
public class UserDaoImpl implements UserDao {
    @Override
    public boolean login(String name, String password) {
        if (name.equals("张三")&&password.equals("123")){
            return true;
        }
        return false;
    }
}
```

第三步：编写Service层。新建service包，在service包下创建接口UserService.java，在接口中添加方法login()，代码如下。

```java
public interface UserService {
    public boolean login(String name,String password);
}
```

第四步：编写Service层实现类。创建UserService接口的实现类UserServiceImpl，在UserServiceImpl类中实现login()方法，代码如下。

```java
public class UserServiceImpl implements UserService {
    UserDao userDao;
    public void setUserDao(UserDao userDao)
        {this.userDao=userDao;}
    @Override
    public boolean login(String name, String password) {
        return userDao.login(name,password);
    }
}
```

第五步：编写applicationContext.xml配置文件。使用<bean>元素添加创建的UserDaoImpl类和UserServiceImpl类的实例，并配置其相关属性，代码如下。

```xml
<?xml version="1.0" encoding="UTF-8"?>
<beans xmlns="http://www.springframework.org/schema/beans"
       xmlns:xsi="http://www.w3.org/2001/XMLSchema-instance"
       xsi:schemaLocation="http://www.springframework.org/schema/beans
    http://www.springframework.org/schema/beans/spring-beans.xsd">
    <!-- 将指定类配置给Spring，让Spring创建HelloSpring对象的实例 -->

    <bean id="userDao" class="dao.impl.UserDaoImpl"></bean>
    <bean id="userService" class="service.impl.UserServiceImpl">
        <property name="userDao" ref="userDao"/>
    </bean>
</beans>
```

第六步：编写测试类。在com.inspur包中新建测试类TestSpring，代码如下。

```java
public class TestSpring {
    public static void main(String[] args) {
        // 加载applicationContext.xml配置
        ApplicationContext applicationContext=new
        ClassPathXmlApplicationContext("applicationContext.xml");
        UserService userService=(UserService) // 获取配置中的UserService实例
        applicationContext.getBean("userService");
        boolean flag =userService.login("张三","123");
        if (flag) { System.out.println("登录成功");
        } else { System.out.println("登录失败"); }
}}
```

第七步：运行项目，输出"登录成功"结果，如图1-9所示。

图1-9 输出"登录成功"结果

Spring中的AOP

任务描述

AOP模块提供了一个符合AOP联盟标准的面向切面编程的实现，它可以定义方法拦截器和切点，从而将逻辑代码分开，降低它们之间的耦合性。利用source-level的元数据功能，还可以将各种行为信息合并到代码中。通过配置管理特性，Spring AOP模块直接将面向切面的编程功能集成到了Spring框架中，通过使用Spring AOP，不用依赖EJB组件，就可以将声明性事务管理集成到应用程序中。

知识准备

一、AOP简介

1. 为什么需要AOP

人脑的"内存"也是有限的，如果把所有相关联的事情像煮腊八粥一样一股脑儿地放在一块儿，很难找出解决方案！通过依赖注入，在编写程序的时候，就不用关心依赖的组件是怎么实现的了。AOP是从另外一个角度解决这一问题的，如图1-10所示。

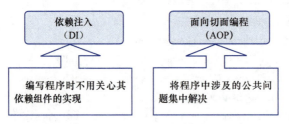

图1-10　Spring让用户可以"专心"做事

先来看下面的程序代码：

```java
public void doSomeBusiness(long lParam, String sParam) {
    // 记录日志
    log.info("调用doSomeBusiness方法，参数是：" + lParam);
    // 参数合法性验证
    if (lParam <= 0) {
        throw new IllegalArgumentException("xx应该大于0");
    }
    
    }
    if (sParam == null || sParam.trim().equals("")) {
        throw new IllegalArgumentException("xx不能为空");
    }
    }
    // 异常处理
    try {
        // 真正的业务逻辑代码在这里...
        // 事务控制
        tx.commit();
    
    } catch (Exception e) {
```

```
            // ...
            tx.rollback();
        }
}
```

这是一个"典型"的业务处理方法。日志、参数合法性验证、异常处理和事务控制等都是一个健壮的业务系统所必需的，否则，系统出现问题或有错误的业务操作时没日志可查。例如，传入的出库数参数为负，出库反而导致库存增加；绩效计算到一半，方法异常退出，已经插入的绩效记录没有回滚，重新启动计算则同一批货给代理商计算两次绩效……这样的系统显然是没人敢用的。甚至我们每时每刻都要关心这些方面的代码是否处理正确，哪里的权限控制是否不对，或者哪里业务日志是否忘记做了，哪里的事务是否在异常的时候忘了加事务回滚的代码，哪里出现SQLException的时候是否忘了记录SQL语句在异常日志中。

如果需要修改系统日志的格式，或者安全验证的策略，为了保证系统健壮可用，就要在每个业务方法里都反反复复地编写这些代码吗？考虑复杂的业务已经让人花很多心思了，再处理这些方方面面的事情，写出来的代码既难读，质量又没有保障。怎样才能专心于真正的业务逻辑上呢？这正是AOP要解决的问题！

2. 什么是AOP

AOP是面向切面编程。在业务系统中，总有一些散落、渗透到系统各处而且不得不处理的事情，例如，安全验证。需要在页面上判断用户是否登录、当前登录用户是否有权限访问该页面，在Action代码里还要限制用户是否通过直接在URL输入路径中绕过了页面的权限控制代码，甚至在业务层代码里，还要限制不同用户访问不同的数据。

与此类似，日志、事务和安全验证等这些通用的、散布在系统各处的公共机制，以及在实现业务系统时关注的事情就称为"切面"，也称为"关注点"，如图1-11所示。如果能把这些"切面"集中处理，那样既能减少"切面"代码里的错误，又能保证我们在编写业务逻辑代码时专心做事，"切面"处理策略发生改变时还能统一做出修改，这就是AOP要做的事情。从系统中分离出切面，然后集中实现。从而可以独立编写业务逻辑代码和切面代码，在系统运行的时候，再将切面代码"织入"到系统中。就好比做衣服没有扣子和一些必需的饰品是不行的，那就让做衣服的去做衣服，生产扣子等饰品的去生产饰品。在衣服出厂前，再将这些饰品点缀到衣服上去。

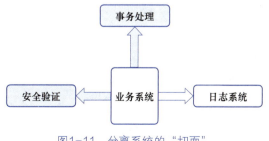

图1-11 分离系统的"切面"

同控制反转一样，AOP是一种设计思想，Spring提供了一种优秀的实现。下面就来看一下Spring是怎么做到分离"切面"并"织入"业务系统的。

3. 如何使用AOP

AOP是一种编程范式，它允许用户在不修改现有代码的情况下，通过添加横切关注点来增强应用程序的功能。以下是使用AOP的一般步骤：

定义切点：切点是程序执行过程中的一个特定点，例如，方法调用、异常处理和变量赋值等。在AOP中，切点用于确定何时应用横切关注点。

定义横切关注点：横切关注点是一组操作，它们可以应用于切点定义的方法、类或其他程序元素。横切关注点通常包括日志记录、安全性检查和性能测量等。

配置代理对象：代理对象是应用程序的一部分，它代表了被横切关注点影响的程序元素。在AOP中，代理对象通常是通过使用JDK动态代理或CGLIB生成的。

应用通知：通知是在代理对象上定义的一组横切关注点的逻辑实现。通知可以是一个方法调用，也可以是一个切面。

使用Spring AOP来记录日志，代码如下。

```
// 定义切点
@Pointcut("execution(* com.example.service.*.*(..))")
public void serviceMethod() {}

// 定义横切关注点
@Before("serviceMethod()")
public void logRequest() {
    // 记录请求信息
}
// 在Spring配置文件中启用AOP
<aop:aspectj-autoproxy />

// 在需要进行日志记录的服务方法中调用logRequest()方法即可
public void doSomething() {
    // ...
    logRequest();
}
```

说明： 在这个例子中，首先定义了一个名为serviceMethod()的切点，它匹配了com.example.service包中的所有方法。然后，定义了一个名为logRequest()的横切关注点，它会在serviceMethod()方法执行之前被调用。最后，在Spring配置文件中启用了AOP，并将logRequest()方法添加到了代理对象中。这样，每当serviceMethod()方法被调用时，logRequest()方法都会被自动执行。

二、AOP中的概念

AOP并不是一个新的概念，其中涉及很多术语，例如，切面、连接点、切入点、通知、目标对象、织入和引入等。下面针对AOP的常用术语进行简单介绍。

1）Aspect（切面）：切面指横切性关注点的抽象，它与类相似，只是两者的关注点不一样，类是对物体特征的抽象，而切面是对横切性关注点的抽象。在实际开发中，该类被Spring容器识别为切面，需要在配置文件中通过<bean>元素指定。

2）JoinPoint（连接点）：所谓连接点是指那些被拦截到的点。在Spring中，这些点指的是方法，因为Spring只支持方法类型的连接点（实际上连接点还可以是Field或类构造器）。

3）Pointcut（切入点）：所谓切入点是指要对哪些连接点进行拦截的定义。

4）Advice（通知）：所谓通知是指拦截到连接点之后所要做的事情。通知分为前置通知、后置通知、异常通知、最终通知和环绕通知。

5）Target（目标对象）：代理的目标对象。即包含主业务逻辑的类对象，或者说是被一个或者多个切面所通知的对象。

6）Weave（织入）：织入是将切面应用到目标对象的过程。在AOP中，有两种类型的织入：编译时织入和运行时织入。编译时织入是在编译时将切面应用于目标对象，而运行时织入是在运行时动态地将切面应用于目标对象。

7）Introduction（引入）：引入是一种特殊的通知，它可以为目标对象添加一些属性和方法。这样，即使一个业务类原本没有实现某一个接口，通过AOP的引入功能，也可以动态地为该业务类添加接口的实现逻辑，让业务类成为这个接口的实现类。

三、使用Spring进行面向切面编程

要进行AOP编程，首先要在Spring的配置文件中引入AOP命名空间，配置文件代码如下。

```
<beans xmlns="http://www.springframework.org/schema/beans"
    xmlns:xsi="http://www.w3.org/2001/XMLSchema-instance"
    xmlns:aop="http://www.springframework.org/schema/aop"
    xsi:schemaLocation="
        http://www.springframework.org/schema/beans http://www.springframework.org/schema/beans/spring-beans.xsd
        http://www.springframework.org/schema/aop http://www.springframework.org/schema/aop/spring-aop.xsd">

    <!-- 其他Bean定义 -->

    <aop:aspectj-autoproxy />

</beans>
```

在这个配置文件中，使用<aop:aspectj-autoproxy />标签来启用Spring的AOP功能。这个标签告诉Spring，当它代理一个对象时，应该将该对象包装在一个AOP代理对象中，并自动应用相应的横切关注点。注意，这个标签必须放在所有的Bean定义之前，否则可能会导致代理对象无法正确创建。

Spring提供了两种切面声明方式，分别是注解式和XML式。在实际工作中，可以根据具

体情况选择其中一种或两种方式都使用。

1. 基于XML配置方式声明切面

因为Spring AOP中的代理对象由IoC容器自动生成的,所以开发者无需过多关注代理对象生成的过程,只需选择连接点、创建切面和定义切点,并在XML文件中添加配置信息即可。Spring提供了一系列配置Spring AOP的XML元素,具体见表1-2。

表1-2　XML元素

元素	描述
<aop:config>	Spring AOP配置的根元素
<aop:aspect>	配置切面
<aop:advisor>	配置通知器
<aop:pointcut>	配置切点
<aop:before>	配置前置通知,在目标方法执行前实施增强,可以应用于权限管理等功能
<aop:after>	配置后置通知,在目标方法执行后实施增强,可以应用于关闭流、上传文件和删除临时文件等功能
<aop:around>	配置环绕方式,在目标方法执行前后实施增强,可以应用于日志、事务管理等功能
<aop:after-returning>	配置返回通知,在目标方法成功执行之后调用通知
<aop:after-throwing>	配置异常通知,在方法抛出异常后实施增强,可以应用于处理异常记录日志等功能

在Spring的配置文件中,配置切面使用的是<aop:aspect>元素,该元素会将一个已定义好的Spring Bean转换成切面Bean。因此,在使用<aop:aspect>元素之前,要在配置文件中先定义一个普通的Spring Bean。

当配置<aop:aspect>元素时,需要提供一个切入点（Pointcut）和一个通知（Advice）。切入点指定了要应用通知的类或方法的边界。通知定义了在切入点处执行的操作。

代码如下。

```xml
<aop:aspect id="myAspect" ref="myBean">
    <pointcut id="myPointcut" expression="execution(* com.example.service.*.*(..))"/>
    <before>
        <!-- 在方法执行之前执行的通知 -->
    </before>
</aop:aspect>
```

1）Spring Bean定义完成后,通过<aop:aspect>元素的ref属性即可引用该Bean。配置<aop:aspect>元素时,通常会指定id和ref两个属性,两个属性描述见表1-3。

表1-3　<aop:aspect>元素的id属性和ref属性的描述

属性名称	描述
id	用于定义该切面的唯一标识
ref	用于引用普通的Spring Bean

2)在示例代码中,当<pointcut>元素作为<aop:aspect>元素的子元素时,表示该切入点只对当前切面有效。定义<pointcut>元素时,通常会指定id和expression属性。id表示用于指定切入点的唯一标识,expression表示用于指定切入点关联的切入点表达式。

3)execution(*com.example.service.*.*(..))为切入点使用通配符表达,它匹配了所有在com.example.service包下的方法调用。语法格式如下。

execution(modifiers-pattern?ret-type-pattern declaring-type-pattern?
name-pattern(param-pattern) throws-pattern?)

其中:modifiers-pattern:表示定义的目标方法的访问修饰符,例如,public、private等。
ret-type-pattern:表示定义的目标方法的返回值类型,例如,void、String等。
declaring-type-pattern:表示定义的目标方法的类路径,例如,com.inspur.dao.impl.UserDaoImpl。
name-pattern:表示具体需要被代理的目标方法,例如,add()方法。
param-pattern:表示需要被代理的目标方法包含的参数。
throws-pattern:表示需要被代理的目标方法抛出的异常类型。

4)<aop:aspect>元素的常用属性。

<aop:aspect>元素的常用属性见表1-4。

表1-4 <aop:aspect>元素的常用属性

属性	描述
pointcut	该属性用于指定一个切入点表达式,Spring将在匹配该表达式的连接点时织入该通知
pointcut-ref	该属性指定一个已经存在的切入点名称,如配置代码中的myPointCut。通常pointcut和pointcut-ref两个属性只需要使用其中一个即可
method	该属性指定一个方法名,指定将切面Bean中的该方法转换为增强处理
throwing	该属性只对<after-throwing>元素有效,它用于指定一个形参名,异常通知方法可以通过该形参访问目标方法所抛出的异常
returning	该属性只对<after-returning>元素有效,它用于指定一个形参名,后置通知方法可以通过该形参访问目标方法的返回值

2. 基于注解方式声明切面

注解式声明方式是通过在切面类上添加@Aspect注解来声明切面,在Spring配置文件中添加配置:

```
@Aspect
public class LogAspect {
    @Before("execution(* com.example.service.*.*(..))")
    public void logBefore(JoinPoint joinPoint) {
        // ...
    }
}
```

在Spring AOP中常见的注解元素见表1-5。

表1-5　Spring AOP中常见的注解元素

元素	描述
@Aspect	配置切面
@Pointcut	配置切点
@Before	配置前置通知
@After	配置后置通知
@Around	配置环绕方式
@AfterReturning	配置返回通知
@AfterThrowing	配置异常通知

任务实施

在Spring中实现Spring AOP。

扫码观看视频

第一步：在项目的pom.xml文件中导入AspectJ框架的相关jar包。

```xml
<!-- aspectjrt包的依赖 -->
<dependency>
    <groupId>org.aspectj</groupId>
    <artifactId>aspectjrt</artifactId>
    <version>1.9.1</version>
</dependency>
<!-- aspectjweaver包的依赖 -->
<dependency>
    <groupId>org.aspectj</groupId>
    <artifactId>aspectjweaver</artifactId>
    <version>1.9.6</version>
</dependency>
```

第二步：创建接口UserDao1，并在该接口中编写添加、删除、修改和查询的方法。

```java
package dao;

public interface UserDao1 {
    public void insert();
    public void delete();
    public void update();
    public void select();
}
```

第三步：创建UserDao1接口的实现类UserDaoImpl，实现UserDao1接口中的方法。

```java
package dao.task 03;

import dao.impl.UserDao1;
```

```java
public class UserDao1Impl  implements UserDao1 {
    public void insert() {
        System.out.println("添加用户信息"); }
    public void delete() {
        System.out.println("删除用户信息"); }
    public void update() {
        System.out.println("更新用户信息"); }
    public void select() {
        System.out.println("查询用户信息"); }
}
```

第四步：创建XmlAdviceTest类，用于定义通知。

```java
package dao.task 03;
import org.aspectj.lang.JoinPoint;
import org.aspectj.lang.ProceedingJoinPoint;

public class XmlAdviceTest {
    //前置通知
    public void before(JoinPoint joinPoint){
        System.out.print("这是前置通知!");
        System.out.print("目标类是："+joinPoint.getTarget());
        System.out.println("，被织入增强处理的目标方法为："+
                joinPoint.getSignature().getName());
    }
    //返回通知
    public void afterReturning(JoinPoint joinPoint){
        System.out.print("这是返回通知（方法不出现异常时调用）!");
        System.out.println("被织入增强处理的目标方法为："+
                joinPoint.getSignature().getName());
    }

    public Object around(ProceedingJoinPoint point)throws Throwable{
        System.out.println("这是环绕通知之前的部分！ ");
        //调用目标方法
        Object object=point.proceed();
        System.out.println("这是环绕通知之后的部分！ ");
        return object;

    }
    //异常通知
    public void afterException(){
        System.out.println("异常通知！ ");
```

```
        }
        //后置通知
        public void after(){
            System.out.println("这是后置通知！ ");
        }
}
```

第五步：创建applicationContext.xml文件，在该文件中引入AOP命名空间，使用<bean>元素添加Spring AOP的配置信息。

```xml
<?xml version="1.0" encoding="UTF-8"?>
<beans xmlns="http://www.springframework.org/schema/beans"
       xmlns:xsi="http://www.w3.org/2001/XMLSchema-instance"
       xmlns:aop="http://www.springframework.org/schema/aop"
       xsi:schemaLocation="http://www.springframework.org/schema/beans
    http://www.springframework.org/schema/beans/spring-beans.xsd
    http://www.springframework.org/schema/aop
    http://www.springframework.org/schema/aop/spring-aop.xsd">
<!-- 注册Bean -->
<bean name="userDao1" class="dao.task03.UserDao1Impl"/>
<bean name="xmlAdvice" class="dao.task03.XmlAdviceTest"/>
<!-- 配置Spring AOP-->
<aop:config>
        <!-- 指定切点 -->
        <aop:pointcut id="pointcut" expression="execution(*
            dao.task03.UserDao1Impl.*(..))"/>
        <!-- 指定切面 -->
        <aop:aspect ref ="xmlAdvice">
            <!-- 指定前置通知 -->
            <aop:before method="before" pointcut-ref="pointcut"/>
            <!-- 指定返回通知 -->
            <aop:after-returning method="afterReturning"
                                 pointcut-ref="pointcut"/>
            <!-- 指定环绕方式 -->
            <aop:around method="around" pointcut-ref="pointcut"/>
            <!-- 指定异常通知 -->
            <aop:after-throwing method="afterException"
                                 pointcut-ref="pointcut"/>
            <!-- 指定后置通知 -->
            <aop:after method="after" pointcut-ref="pointcut"/>
        </aop:aspect>
</aop:config>
</beans>
```

第六步：创建测试类TestXml，测试基于XML的AOP实现。

```java
public class TestXml{
    public static void main(String[] args){
        ApplicationContext context=new ClassPathXmlApplicationContext("applicationContext.xml");
        UserDao userDao=context.getBean("userDao",UserDao.class);
        userDao.delete();
        userDao.insert();
        userDao.select();
        userDao.update();
    }
}
```

第七步：在IDEA中启动TestXml类，控制台会输出结果，效果如图1-12所示。

图1-12　启动TestXml类效果图

本项目通过对Spring的概念与优缺点的讲解，使读者对Spring的使用方法有了初步了

解,并能够掌握Spring的目录结构,熟悉Spring的控制反转、bean的注入方式以及Spring中AOP的概念,最后通过所学知识为之后的Spring框架的学习打好基础。

课后习题

选择题

(1) Spring Framework包含的内容中,最基础的是(   )。
　　A. Spring AOP　　　　　　　　B. Spring DAO
　　C. Spring Core　　　　　　　　D. Spring ORM

(2) Spring AOP是基于Spring Core的,典型的一个应用即(   )。
　　A. 声明式事务　　　　　　　　B. 框架基础
　　C. 框架映射　　　　　　　　　D. 支持服务

(3) Bean注入方式不包含(   )。
　　A. 构造函数注入　　　　　　　B. Setter方法注入
　　C. 字段注入　　　　　　　　　D. 静默注入

(4) Spring容器不负责管理这些Bean的(   )。
　　A. 依赖关系　　　　　　　　　B. 生命周期
　　C. 命名空间　　　　　　　　　D. 作用域

(5) 依赖注入的基本思想不包括(   )。
　　A. 保护组件生命周期完整　　　B. 明确定义组件接口
　　C. 独立开发各个组件　　　　　D. 根据组件依赖关系组装运行

(6) Spring在读取配置信息后,会通过(   )方式调用实例的构造方法。
　　A. 传递　　　　　　　　　　　B. 反射
　　C. 二分查找　　　　　　　　　D. 默认

(7) Setter方法注入,需要在Bean定义中指定Bean所需的(   )。
　　A. 变量名称　　　　　　　　　B. 内存位置
　　C. 生命周期　　　　　　　　　D. 依赖关系

(8) (多选)Spring的AOP将业务系统分为了(   )。
　　A. 安全验证　　　　　　　　　B. 用户交互
　　C. 事务处理　　　　　　　　　D. 日志系统

(9) 核心容器的主要组件是(   )。
　　A. BeanIoC　　　　　　　　　　B. Core模块
　　C. Beans模块　　　　　　　　　D. BeanFactory

(10) 在Spring的目录结构中,(   )文件夹下存放开发所需的jar包和源码。
　　A. schema　　　　　　　　　　B. docs
　　C. libs　　　　　　　　　　　D. license

学习评价

通过学习本项目，看自己是否掌握了以下技能，在技能检测表中标出已掌握的技能。

评价标准	个人评价	小组评价	教师评价
（1）是否具备Spring相关依赖的下载的能力			
（2）是否具备创建Spring项目的能力			
（3）是否具备使用Spring中Bean注入方式的能力			
（4）是否具备使用Spring进行面向切面编程的能力			
（5）是否具备基于XML配置方式的能力			

注：A为能做到；B为基本能做到；C为部分能做到；D为基本做不到。

项目 2

Spring MVC 开发基础

项目导言

MVC思想将一个应用分成3个基本部分，即Model（模型）、View（视图）和Controller（控制器），让这3个部分以最低的耦合进行协同工作，从而提高应用的可扩展性及可维护性。Spring MVC是一款优秀的基于MVC思想的应用框架，它是Spring提供的一个实现了Web MVC设计模式的轻量级Web框架。本项目将通过4个任务的讲解，来熟悉Spring MVC开发的基础知识。

学习目标

➢ 了解Spring MVC的概念；
➢ 熟悉Spring MVC的特点；
➢ 掌握Spring MVC框架核心组件的使用方式；
➢ 掌握Spring MVC的常用注解；
➢ 熟悉@Controller与@RequestMapping注解的使用方式；
➢ 了解Spring MVC拦截器的概念；
➢ 掌握Spring MVC拦截器的定义与配置方式；
➢ 熟悉文件的上传和下载方法；
➢ 具备使用Spring MVC接收并响应浏览器发起的请求的能力；
➢ 具备使用拦截器高效编辑代码的能力；
➢ 具备独立使用Spring MVC实现文件上传下载的能力；
➢ 具备Spring MVC规范注释编写的能力；
➢ 具备精益求精、坚持不懈的精神；
➢ 具有独立解决问题的能力；
➢ 具备灵活的思维和处理分析问题的能力；
➢ 具有责任心。

任务1 初识Spring MVC

任务描述

MVC（Model View Controller）是一种软件架构思想，其核心思想是将数据处理与数据展现分开。根据这种思想，可以将一个软件划分成三种不同类型的模块，分别是模型（Model）、视图（View）和控制器（Controller）。模型用于数据处理，即业务逻辑。视图用于数据展现，即表示逻辑。控制器用于协调模型和视图，视图将请求发送给控制器，由控制器选择对应的模型来处理；模型返回处理结果给控制器，由控制器选择对应的视图来展现处理结果。

知识准备

一、Spring MVC概述

1. Spring MVC的概念

在Java EE开发中，系统经典的三层架构包括表现层、业务层和持久层。三层架构中，每一层各司其职，表现层（Web层）负责接收客户端请求，并向客户端响应结果；业务层（Service层）负责业务逻辑处理，和项目需求息息相关；持久层（DAO层）负责和数据库交互，对数据库表进行增删改查。

Spring MVC是Spring框架中的一个Web框架，是目前较好的实现MVC设计模式的框架，作用于三层架构中的表现层，用于接收客户端的请求并进行响应。它基于Java的Servlet API和MVC设计模式。Spring MVC提供了一种简单的、灵活的方式来处理Web请求和响应，并且与Spring框架的其他模块无缝集成。

Spring MVC的核心组件包括控制器（Controller）、视图解析器（View Resolver）、模型（Model）和处理器映射器（Handler Mapping）等。其中，控制器用于处理用户请求并返回响应结果；视图解析器用于将响应结果转换为HTML或其他格式的视图；模型用于封装数据；处理器映射器则负责将请求映射到相应的控制器上。

Spring MVC还提供了许多扩展功能，例如，拦截器、异常处理、表单验证和文件上传等，使得开发者可以更加方便地构建Web应用程序。同时，Spring MVC还支持多种数据库操作和缓存技术，可以帮助开发者更加高效地处理数据。

2. Spring MVC的特点

Spring MVC通过其视图处理机制，根据控制层代码中设置的视图路径，自动实现请求路径的转换，并可以通过参数配置实现不同的路径转换方式。除此之外Spring MVC还具有其他一些功能特点，具体如下：

1）Spring MVC框架与Spring框架其他组件模块的无缝集成。Spring是一个一站式的框架，提供了表现层（Spring MVC）到业务层（Spring）再到数据层（Spring Data）的全套解决方案；Spring的两大核心IoC和AOP更是给程序解耦合代码的简介提供了支持。Spring MVC作为Spring的一个Web组件，可以实现天然的集成使用，给开发带来极大的方便。

2）Spring MVC框架提供强大而直接的配置方式：将框架类和应用程序类都能作为JavaBean配置，支持跨多个Context的引用，例如，在Web控制器中对业务对象和验证器（Validator）的引用。

3）使用Spring MVC框架能简单地进行Web层的单元测试，提高开发效率。

4）使用Spring MVC框架便于与其他视图技术集成，例如，Velocity、FreeMarker等，因为模型数据放在一个Model里（Map数据结构实现，因此很容易被其他框架使用）。

5）Spring MVC框架提供了非常灵活的数据验证、格式化和数据绑定机制。

6）Spring MVC框架还提供一套强大的JavaScript标签库来简化JavaScript开发。

7）Spring MVC框架支持灵活的本地化、主题等解析。

8）Spring MVC框架提供了统一异常处理机制，使得异常处理更加简单。

二、Spring MVC框架的核心组件

Spring MVC实现了Web层的开发规范，其底层依赖于一系列的功能组件，配合完成整个功能。Spring MVC框架的核心组件实现处理请求的整个流程，如图2-1所示。

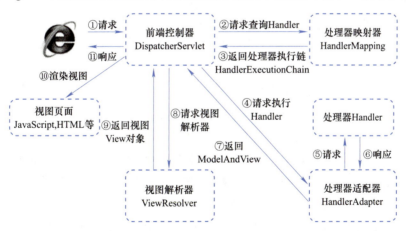

图2-1　Spring MVC框架的核心组件实现处理请求的整个流程

Spring MVC框架实现处理请求的整个过程，需要各个功能组件的协调运行，主要用到的类或接口如下。

1）DispatcherServlet：前端控制器，也称为中央控制器，它负责接收客户端的HTTP请求并将请求转发给后端的Controller处理，配置在web.xml文件中，随服务器启动即实例化。具体来说，DispatcherServlet的工作流程如下：

① 接收客户端的HTTP请求，并从请求中获取请求方法、请求URL、请求头和请求参数等信息。

② 根据请求的URL找到对应的Controller对象，如果找不到则返回404错误页面。

③ 将请求转发给Controller进行处理，Controller返回响应结果。

④ DispatcherServlet根据响应结果生成相应的HTTP响应，并将响应返回给客户端。

2）HandlerMapper：处理器映射器，是Spring MVC框架中的一个接口，它用于将请求从一个Controller方法映射到另一个Controller方法上。具体来说，处理器映射器可以将不同的请求类型和路径映射到不同的Controller方法上，从而实现请求的多态性和灵活性。

3）HandlerAdapter：处理器适配器，常用的有SimpleControllerHandlerAdapter，该功能组件在框架中可以默认运行。它用于封装参数数据、绑定视图等功能。

4）Handler：后端处理器，即由程序员编写的处理类，对用户具体请求进行处理，该类必须要实现框架提供的Controller接口，才能作为处理器完成组件功能。

5）ViewResolver：视图解析器，它用于解析视图名称并返回对应的视图对象。具体来说，ViewResolver可以将视图名称解析为实际的视图对象，例如，JavaScript文件、模板引擎渲染的字符串和静态HTML页面等。在Spring MVC中，有三种类型的ViewResolver：

① InternalResourceViewResolver：内部资源视图解析器，用于解析JavaScript文件和静态资源文件（例如，CSS、JavaScript和图片等）。

② ResourceBundleViewResolver：资源包视图解析器，用于解析国际化资源文件（例如，properties文件），可以通过指定不同的本地化文件来支持多语言环境。

③ BeanNameViewResolver：Bean名称视图解析器，用于解析Controller方法返回的ModelAndView对象中的视图名称，如果没有指定视图名称，则默认使用Controller方法名。

6）ModelAndView：处理器中使用的类，用于封装数据和视图信息，并返回给前端控制器。该类实现了对原生Servlet中Request对象的封装，因此可以作为域对象封装数据，并在视图中用EL表达式取出数据。

View：视图，用于呈现Web应用程序的HTML、XML和JSON等格式的页面。当控制器方法返回一个ModelAndView对象时，视图将被加载并渲染为HTML页面，以响应客户端请求。在Spring MVC中，有两种类型的视图：

① InternalResourceView：内部资源视图，用于将静态资源文件（例如，HTML、CSS、JavaScript和图像等）映射到指定的URL路径上。可以通过配置不同的上下文环境来支持多个视图解析器。

② ResourceBundleView：资源包视图，用于解析国际化资源文件（例如，properties文件），可以通过指定不同的本地化文件来支持多语言环境。可以使用@RequestMapping注解来指定不同的URL前缀和扩展名。

在实际应用中，通常会创建一个自定义的视图来适配特定的业务需求。

任务实施

扫码观看视频

第一步： 创建项目：在IDEA中，创建一个名称为"chapter0201"的Maven Web项目，效果如图2-2所示。

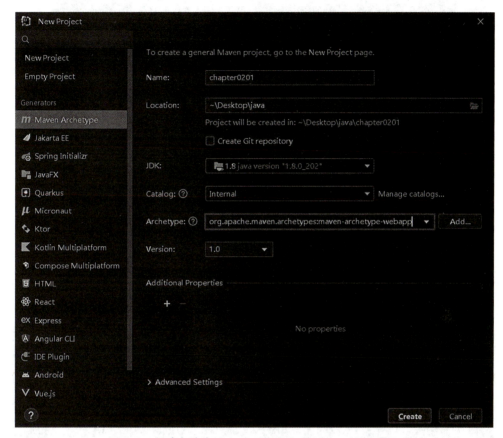

图2-2　创建名称为"chapter0201"的Maven Web项目

第二步： 引入Maven依赖：项目创建完成后，为保障项目的正常运行，需要导入项目所需的依赖到项目的pom.xml文件中。

```
<!-- 这里只展示了其中一个JAR包-->
<!--Spring核心类-->
        <dependencies>
            <dependency>
                <groupId>org.springframework</groupId>
                <artifactId>spring-context</artifactId>
                <version>5.3.10</version>
            </dependency>
        </dependencies>
```

第三步： 安装Smart Tomcat插件，效果如图2-3所示。

图2-3　安装Smart Tomcat插件

第四步：打开浏览器，找到Tomcat官网，下载Tomcat并解压。

第五步：单击IDEA工具栏中的"Run"→"Edit Configurations…"选项，弹出"Run/Debug Configurations"对话框。配置Tomcat启动路径，效果如图2-4所示。

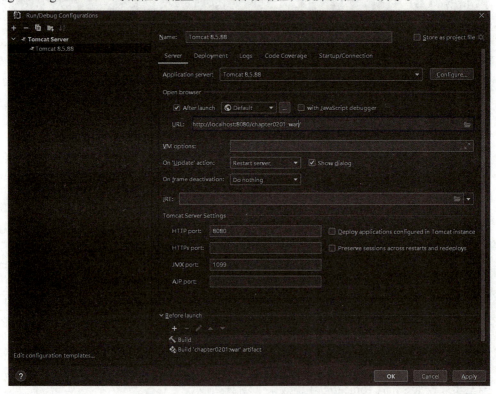

图2-4　配置Tomcat启动路径

此时，运行项目，打开浏览器，输入"http://localhost:8080/chapter0201_war/"，会出现"Hello World!"，效果如图2-5所示。

图2-5　运行效果图

第六步：引入相关依赖在pom.xml中，代码如下。

```xml
<dependency>
    <groupId>org.springframework</groupId>
    <artifactId>spring-webmvc</artifactId>
    <version>5.3.10</version>
</dependency>
<dependency>
    <groupId>javax.servlet</groupId>
    <artifactId>javax.servlet-api</artifactId>
    <version>3.1.0</version>
    <scope>provided</scope>
</dependency>
<dependency>
    <groupId>javax.servlet.jsp</groupId>
    <artifactId>jsp-api</artifactId>
    <version>2.1</version>
    <scope>provided</scope>
</dependency>
```

第七步：配置前端控制器：在项目的"webapp"→"WEB-INF"→"web.xml"文件中进行Spring MVC前端控制器的配置，代码如下。

```xml
<servlet>
  <servlet-name>springmvc</servlet-name>
  <servlet-class>org.springframework.web.servlet.DispatcherServlet</servlet-class>
</servlet>
<servlet-mapping>
  <servlet-name>springmvc</servlet-name>
  <!-- 匹配所有以.action结尾的请求 -->
  <url-pattern>*.action</url-pattern>
</servlet-mapping>
```

第八步：配置Spring MVC的核心映射文件springmvc-servlet.xml，代码如下。

```xml
<bean id="lc" class="control.LoginController"></bean>
    <bean class="org.springframework.web.servlet.handler.SimpleUrlHandlerMapping">
        <property name="mappings">
            <props>
```

```xml
            <!-- 具体映射关系：url（站内路径）和处理器（handler）的映射 -->
                <prop key="/lc.action">lc</prop>
            </props>
        </property>
</bean>
```

第九步：创建登录页面login.jsp，代码如下。

```jsp
<%@ page contentType="text/html;charset=UTF-8" language="java" %>
<html>
<head>
    <title>Title</title>
</head>
<body>
<h3>登录页面</h3>
<form action="/chapter0201_war/lc.action" method="post">
    请输入用户名：<input type="text" name="userName"/><br/>
    请输入密码：<input type="password" name="password"/><br/>
    <input type="submit" value="单击登录"/>
</form>
</body>
</html>
```

第十步：创建登录成功页面success.jsp，部分代码如下。

```html
<h2>登录成功页面</h2>
```

第十一步：登录处理器文件LoginController.java，代码如下。

```java
package control;

import org.springframework.web.servlet.ModelAndView;
import org.springframework.web.servlet.mvc.Controller;

import javax.servlet.http.HttpServletRequest;
import javax.servlet.http.HttpServletResponse;

public class LoginController implements Controller {
    @Override
    public ModelAndView handleRequest(HttpServletRequest request,
                                     HttpServletResponse response) throws Exception {
        String userName=request.getParameter("userName");
        String password=request.getParameter("password");
        ModelAndView mav=new ModelAndView();
        if("123".equals(password)){
            mav.addObject("info", "欢迎您"+userName);
            mav.setViewName("success.jsp");
        }
```

```
            return mav;
      }

}
```

第十二步：启动项目，项目启动成功后，在浏览器中对处理器进行请求访问，访问地址为http://localhost:8080/chapter0201_war/login.jsp，访问后，浏览器显示登录界面，效果如图2-6所示。

图2-6　浏览器显示登录界面

输入用户名和密码（此处全为"123"），单击"单击登录"按钮，效果如图2-7所示。

图2-7　登录成功页面

任务2　Spring MVC进阶

任务描述

注解也叫元数据，一种代码级别的说明。它是JDK1.5及以后版本引入的一个特性，与类、接口和枚举是在同一个层次。它可以声明在包、类、字段、方法、局部变量和方法参数等的前面，用来对这些元素进行说明和注释。Spring MVC的注解式开发是指，处理器是基于注解的类的开发。对于每一个定义的处理器，无需在配置文件中逐个注册，只需在代码中通过对类与方法添加注解便可完成注册。即注解替换是配置文件中对于处理器的注册部分。

知识准备

一、Spring MVC常用注解

Spring 2.5之前，通过实现框架提供的Controller接口来定义处理器类。Spring 2.5引入注

解式处理器支持，通过@Controller和@RequestMapping注解定义处理器类，并且提供了一组强大的注解：

1）@Controller：用于标识是处理器类。
2）@RequestMapping：用于从客户端到控制器的地址映射。
3）@RequestParam：用于客户端参数注入到控制器的数据绑定。

之后的Spring版本每次升级，都会提供更多的注解帮助程序开发者进行快速开发，提高开发效率。

1. @Controller注解

在Spring MVC框架中，传统的处理器类需要直接或间接地实现Controller接口，这种方式需要在Spring MVC配置文件中定义请求和Controller的映射关系。当后台需要处理的请求较多时，使用传统的处理器类会比较烦琐，且灵活性低，因此，Spring MVC框架提供了@Controller注解。

@Controller注解是Spring框架中用来标识控制器类的注解。它的作用是将一个普通的Java类转换为Spring MVC中的控制器，使得该类可以响应HTTP请求并返回相应的视图模型。使用@Controller注解，只需要将@Controller注解标注在普通Java类上，然后通过Spring的扫描机制找到标注了该注解的Java类，该Java类就成为Spring MVC的处理器类。使用@Controller注解的处理器，示例代码如下。

```
import org.springframework.stereotype.Controller;
...
@Controller   //标注@Controller注解
public class FirstController{
    ...
}
```

2. @RequestMapping

@RequestMapping注解用于建立请求URL和Handler（处理器）之间的映射关系，该注解可以标注在方法上和类上。

（1）标注在方法上　@RequestMapping注解是Spring MVC中用于映射HTTP请求的注解，它可以用于控制器类的方法上，用来指定请求的URL路径和请求方法。当一个使用了@RequestMapping注解的方法被调用时，Spring MVC会将这个请求匹配到相应的处理方法上进行处理。

具体来说，当客户端发送一个HTTP请求到服务器时，Spring MVC会根据请求的URL路径和请求方法去查找所有使用了@RequestMapping注解的方法。如果找到了匹配的方法，Spring MVC就会将请求参数绑定到方法的参数上，并将方法的返回值包装成一个视图模型（View Model）返回给客户端。

在浏览器中访问应用程序时，访问地址由"项目访问路径+处理方法的映射路径"共同组成。例如，如果有一个应用程序部署在http://localhost:8080/myapp/，并且定义了一个处理根路径请求的方法如下：

```java
@Controller
public class MyController {

    @RequestMapping(path = "/")
    public String home(Model model) {
        model.addAttribute("message", "Hello, World!");
        return "home";
    }

}
```

当客户端发送一个HTTP GET请求到http://localhost:8080/myapp/时，Spring MVC会自动将这个请求匹配到home()方法上进行处理，并将响应返回给客户端。在浏览器中访问这个页面时，访问地址为http://localhost:8080/myapp/home，其中"/myapp"就是处理方法的映射路径。

（2）标注在类上　当@RequestMapping注解标注在类上时，@RequestMapping的value属性值相当于本处理器类的命名空间，即访问该处理器类下的任意处理器都需要带上这个命名空间。@RequestMapping标注在类上时，其value属性值作为请求URL的第一级访问目录。当处理器类和处理器方法都使用@RequestMapping注解指定了对应的映射路径时，处理器在浏览器中的访问地址由"项目访问路径+处理器类的映射路径+处理器方法的映射路径"共同组成。

@RequestMapping(value = "/hello", method = RequestMethod.GET)：这种方式指定了请求的URL路径为"/hello"，并且指定了请求的方法为GET方法。例如，定义一个处理GET请求到"/hello"路径的方法：

```java
@Controller
public class MyController {

    @RequestMapping(value = "/hello", method = RequestMethod.GET)
    public String hello(Model model) {
        model.addAttribute("message", "Hello, World!");
        return "hello";
    }

}
```

当客户端发送一个HTTP GET请求到http://localhost:8080/myapp/hello时，Spring MVC会自动将这个请求匹配到hello()方法上进行处理，并将响应返回给客户端。在浏览器中访问这个页面时，访问地址为http://localhost:8080/myapp/hello，其中"/hello"就是处理器方法的映射路径。

（3）@RequestMapping注解的属性　@RequestMapping注解是Spring MVC中用于映射HTTP请求的注解，它可以用于控制器类或处理器方法上，用来指定请求的URL路径和请求方法。@RequestMapping注解常用的属性见表2-1。

表2-1　@RequestMapping注解常用属性

属性名	类型	描述
name	String	可选属性，用于为映射地址指定别名
value	String[]	可选属性，也是默认属性，用于指定请求的URL
method	RequestMethod[]	可选属性，用于指定该方法可以处理哪种类型的请求方式。可以是GET、POST、PUT和DELETE等。默认值是GET
params	String[]	可选属性，用于指定客户端请求中参数的值必须包含哪些参数的值才可以通过其标注的方法处理
headers	String[]	可选属性，用于指定客户端请求中必须包含哪些header的值才可以通过其标注的方法处理
consumes	String[]	可选属性，用于指定处理请求的提交内容类型（Content-type）。可以是JSON、XML等。默认值是所有类型的都支持
produces	String[]	可选属性，用于指定返回的内容类型，仅当request请求头中的（Accept）类型中包含该指定类型才返回。可以是JSON、XML等。默认值是所有类型的都支持

3. @RequestParam

@RequestParam是Spring MVC中用于将HTTP请求参数绑定到控制器方法参数上的注解。它可以用于控制器类的方法参数上，用来指定请求的参数名称和类型。

@RequestParam注解有以下几个属性：

1）value：name属性的别名，这里指参数的名称，即入参的请求参数名称，例如，value="name"表示请求的参数中，名称为name的参数的值将传入。如果当前@RequestParam注解只使用vaule属性，则可以省略value属性名，例如，@RequestParam("name")。

2）required：表示该参数是否是必需的。如果设置为true，则当请求中缺少该参数时，会抛出异常；如果设置为false，则当请求中缺少该参数时，参数值会被设置为null。

3）defaultValue：指定了参数的默认值。如果请求中缺少该参数，则会使用默认值。

4）type：指定了参数的类型。可以是Java基本类型、String、Integer和Boolean等。如果没有指定类型，则默认使用自动推断类型。

示例代码如下：

```
public String test(@RequestParam(value="username",required=false) String username)
```

任务实施

扫码观看视频

此案例通过一个登录验证的案例，使用Spring MVC注解的方式来实现控制器及其请求路径映射功能，体会注解在Spring MVC开发中的特点，不使用数据库进行相关操作，在这里使用注解完成控制器的部分，其他步骤与任务1相同。

第一步：配置Spring MVC的核心映射文件springmvc-servlet.xml，代码如下：

```xml
<!-- 开启注解扫描（默认状态下，不开启注解扫描） -->
    <!--配置Handler：对于注解的Handler可以单个配置，
        实际开发中建议使用组件扫描
    -->
    <context:component-scan base-package="com.inspur.controller"></context:component-scan>
```

第二步：新建后台登录处理器类LoginController.java，代码如下。

```java
package com.inspur.controller;

import org.springframework.stereotype.Controller;
import org.springframework.web.bind.annotation.RequestMapping;
import org.springframework.web.bind.annotation.RequestMethod;
import org.springframework.web.servlet.ModelAndView;


import javax.servlet.http.HttpServletRequest;
import javax.servlet.http.HttpServletResponse;

@Controller
public class LoginController{
    @RequestMapping("/loginCheck.action")
    public ModelAndView loginCheck(HttpServletRequest request,
                                    HttpServletResponse response) throws Exception {
        ModelAndView mav=new ModelAndView();
        String name=request.getParameter("userName");
        String password=request.getParameter("password");
        if("123".equals(password)){
            mav.addObject("info", "欢迎你"+name);
            mav.setViewName("success.jsp");
        }
        return mav;
    }
    @RequestMapping(value="/test.action",method={RequestMethod.GET})
    public String test(){
        System.out.println("aaaaaaaaaa");
        return "success.jsp";
    }

}
```

第三步：新建登录页面login.jsp，代码如下。

```jsp
<%@ page contentType="text/html;charset=UTF-8" language="java" %>
<html>
<head>
    <title>Title</title>
</head>
<body>
<h3>登录页面</h3>
<form action="loginCheck.action" method="post">
    请输入用户名：<input type="text" name="userName"/><br/>
```

```
                请输入密码：<input type="password" name="password"/><br/>
                <input type="submit" value="单击登录"/>
        </form>
    </body>
</html>
```

第四步： 运行代码，效果如图2-8所示。

图2-8　登录页面效果图

输入用户名，密码后，单击"单击登录"按钮，登录成功页面，如图2-9所示。

图2-9　登录成功页面

拦截器的使用

任务描述

拦截器是动态拦截Action调用的对象，它提供了一种机制，可以使开发者在一个Action执行的前后分别执行一段代码，也可以在一个Action执行前阻止其执行，同时也提供了一种可以提取Action中可重用部分代码的方式。在AOP中，拦截器用于在某个方法或者字段被访问之前进行拦截，然后在之前或者之后加入某些操作。Spring MVC的拦截器主要用在插件和扩展件上，例如，Hibernate、Spring和Struts2等。

知识准备

一、拦截器概述

Spring MVC的处理器拦截器是一种在应用程序中对请求和响应进行处理的组件，它可以在指定的方法调用前或者调用后,执行预先设定的代码。与Filter不同的是,拦截器只针对Spring MVC的请求进行拦截,并且采用Spring MVC技术实现。

拦截器的工作原理是在Controller方法执行之前或之后,通过代理方式获取到Controller对象,并调用预先设定的方法对其进行处理。由于拦截器是通过代理方式获取到Controller对象的,因此可以对Controller对象进行任何操作,例如,修改其返回值、添加日志等。

常见的应用场景包括:

安全认证:拦截器可以对请求进行身份验证和授权,以确保只有经过认证的用户才能访问受保护的资源。

日志记录:拦截器可以记录请求和响应的详细信息,以便进行故障排除和性能优化。

性能监控:拦截器可以监测请求的响应时间、吞吐量等指标,并提供有关应用程序性能的详细信息。

通用行为:读取cookie得到用户信息并将用户对象放入请求,从而方便后续流程使用,例如,提取国际化、主题信息等,只要是多个处理器都需要的就可以使用拦截器实现。

缓存:拦截器可以对请求进行缓存,以减少对后端服务器的负载。

总之,拦截器是一种非常有用的工具,可以帮助开发人员在Web应用程序中实现各种功能和优化应用程序性能。

二、拦截器定义方式

在Spring MVC中定义一个拦截器非常简单,常用的拦截器定义方式有以下两种。第一种方式是通过实现HandlerInterceptor接口定义拦截器。第二种方式是通过继承HandlerInterceptor接口的实现类HandlerInterceptorAdapter,定义拦截器。上述两种方式的区别在于,直接实现HandlerInterceptor接口需要重写HandlerInterceptor接口的所有方法;而继承HandlerInterceptorAdapter类的话,允许只重写想要回调的方法。

实现HandlerInterceptor接口定义拦截器是最常用的方式之一。HandlerInterceptor接口定义了三个方法:

1)preHandle():在Controller方法执行之前被调用,可以对请求进行预处理,例如,身份认证、权限检查等,preHandler()方法的参数request是请求对象,response是响应对象,handler是被调用的处理器对象。

2)postHandle():在Controller方法执行之后被调用,可以对响应进行后处理,例如,添加日志、修改响应内容等,主要用于对请求域中的模型和视图做出进一步的修改,它会在控制器方法调用之后且视图解析之前执行。

3)afterCompletion():在Controller方法执行完成后被调用,可以进行资源清理等工作。

通过实现HandlerInterceptor接口并重写这三个方法,可以轻松地定义自己的拦截器,代码如下。

```java
public class FirstInterceptor implements HandlerInterceptor {

    @Override
    public boolean preHandle(HttpServletRequest request, HttpServletResponse response, Object handler) throws Exception {
        // 在请求处理之前进行拦截
        return true;
    }

    @Override
    public void postHandle(HttpServletRequest request, HttpServletResponse response, Object handler, ModelAndView modelAndView) throws Exception {
        // 在请求处理之后进行拦截
    }

    @Override
    public void afterCompletion(HttpServletRequest request, HttpServletResponse response, Object handler, Exception ex) throws Exception {
        // 在请求处理完成之后进行拦截
    }
}
```

说明： 在这个例子中，实现了HandlerInterceptor接口并重写了preHandle()、postHandle()和afterCompletion()三个方法。在preHandle()方法中可以对请求进行预处理，例如，进行身份认证、权限检查等操作。在postHandle()方法中可以对响应进行后处理，例如，添加日志、修改响应内容等操作。在afterCompletion()方法中可以进行资源清理等工作。

三、拦截器的配置

自定义拦截器之后，需要在Spring MVC的配置文件中配置拦截器，拦截器需要在前端控制器中进行配置才能生效：

<mvc:interceptors/>标签用于配置一组拦截器。

<mvc:interceptors/>标签内部可以使用多个<mvc:interceptor/>或直接使用<bean/>标签分别配置每个拦截器的信息。

注意： 在<mvc:interceptors/>标签内部，直接使用<bean/>标签配置的拦截器对所有的请求生效。

1）如果需要指定拦截器生效的路径需要使用<mvc:interceptor/>标签标识一个拦截器的配置信息。

2）子标签<mvc:mapping/>用于配置拦截器生效的路径，其path属性用于指定请求路径，"/**"表示拦截所有路径。

3）如果需要在指定路径中排除一些路径，可以选用<mvc:exclude-mapping>子标签，该标签使用时必须保证<mvc:mapping>标签存在。

4）子标签<bean>配置拦截器实现类的位置。

注意: `<mvc:interceptor>`的三个子标签是有严格的顺序要求的,必须按照"`<mvc:mapping>`"→"`<mvc:exclude-mapping>`"→"`<bean>`"的顺序进行配置,否则程序会报错。

配置拦截器,代码如下。

```xml
<!-- 配置拦截器 -->
<mvc:interceptors>
    <!-- 直接配置在mvc:interceptors内部的拦截器对所有请求有效 -->
    <bean class="com.inspur.interceptor.FirstInterceptor"></bean>
    <mvc:interceptor>
        <!-- 配置拦截器生效的路径 -->
        <mvc:mapping path="/**"/>
        <!-- 配置拦截器不生效的路径,在生效路径范围内,消除不生效的路径 -->
        <mvc:exclude-mapping path="/login"/>
        <!-- 拦截器的位置 -->
        <bean class="com.inspur.interceptor.SecondInterceptor"></bean>
    </mvc:interceptor>
</mvc:interceptors>
```

说明: 在这个例子中,将自定义拦截器类FirstInterceptor注册到名为"FirstInterceptor"的Bean中。这样,在配置文件中指定的所有Controller方法调用之前和之后,都会自动执行FirstInterceptor中的preHandle()、postHandle()和afterCompletion()方法。

任务实施

扫码观看视频

在开始拦截器的案例之前,先准备一个用户登录模块:用户在登录页面录入用户名和密码,单击"登录"按钮将请求提交给处理器,在处理器中对用户信息进行验证,验证通过进入网站主界面,验证失败返回登录页面,并提示:"用户名或密码错误,请重新登录!"。

第一步: 配置WEB-INF/web.xml,代码如下。

```xml
<!DOCTYPE web-app PUBLIC
 "-//Sun Microsystems, Inc.//DTD Web Application 2.3//EN"
 "http://java.sun.com/dtd/web-app_2_3.dtd" >

<web-app>
  <display-name>Archetype Created Web Application</display-name>
  <!-- Spring MVC前端控制器DispatcherServlet -->
  <servlet>
    <servlet-name>springmvc</servlet-name>
    <servlet-class>org.springframework.web.servlet.DispatcherServlet</servlet-class>
    <!-- 配置springmvc加载的配置文件(配置处理器映射器、适配器等) -->
    <init-param>
      <param-name>contextConfigLocation</param-name>
      <param-value>classpath:springmvc-servlet.xml</param-value>
    </init-param>
```

```xml
    </servlet>
    <servlet-mapping>
      <servlet-name>springmvc</servlet-name>
      <url-pattern>/</url-pattern>
    </servlet-mapping>
    <!-- 字符编码过滤器-->
    <filter>
      <filter-name>CharacterEncodingFilter</filter-name>
      <filter-class>org.springframework.web.filter.CharacterEncodingFilter
      </filter-class>
      <init-param>
        <param-name>encoding</param-name>
        <param-value>UTF-8</param-value>
      </init-param>
    </filter>
    <filter-mapping>
      <filter-name>CharacterEncodingFilter</filter-name>
      <url-pattern>/*</url-pattern>
    </filter-mapping>
</web-app>
```

第二步：配置Spring MVC的核心配置文件resources/springmvc-servlet.xml，代码如下。

```xml
<?xml version="1.0" encoding="UTF-8"?>
<beans xmlns="http://www.springframework.org/schema/beans"
       xmlns:xsi="http://www.w3.org/2001/XMLSchema-instance"
       xmlns:context="http://www.springframework.org/schema/context"
       xsi:schemaLocation="http://www.springframework.org/schema/beans http://www.springframework.org/schema/beans/spring-beans.xsd http://www.springframework.org/schema/context https://www.springframework.org/schema/context/spring-context.xsd">
    <!-- 指定自动扫描的包，客户端发出请求时，MVC自动在该包内查找URL请求对应的处理方法 -->
    <context:component-scan base-package="com.inspur.controller"/>
    <!-- 视图解析器 -->
    <bean class="org.springframework.web.servlet.view.InternalResourceViewResolver">
        <property name="prefix" value="/page/"></property>
        <property name="suffix" value=".jsp"></property>
    </bean>
</beans>
```

第三步：新建User类，包含id（用户编码）、name（姓名）、password（密码）和access（是否持有网站访问许可）4项基本信息，代码如下。

```java
package main.com.inspur.po;

public class User {
    private String id;
    private String name;
    private String password;
    private String access;

    public String getId() {
        return id;
    }
    public void setId(String id) {
        this.id = id;
    }
    public String getName() {
        return name;
    }
    public void setName(String name) {
        this.name = name;
    }
    public String getPassword() {
        return password;
    }
    public void setPassword(String password) {
        this.password = password;
    }
    public String getAccess() {
        return access;
    }
    public void setAccess(String access) {
        this.access = access;
    }
    public User(){

    }

    public User(String id, String name, String password,String access){
        this.id = id;
        this.name = name;
        this.password = password;
        this.access = access;
    }
}
```

注意：为了方便处理器中添加新用户，该类中添加了含参数的构造函数，此时，Java不会再默认产生无参构造函数，必须手动添加。否则，Spring MVC进行数据绑定时会报错。

第四步：编写网站登录页面login.jsp，在登录页面上，使用"el"表达式获取了一个"msg"对象的值，留作将来登录不成功的提示消息展示之用，代码如下。

```jsp
<%@ page contentType="text/html;charset=UTF-8" language="java" %>
<html>
<head>
    <title>Title</title>
</head>
<body>
${msg}<br>
<form action="dologin" method="post">
    姓名：<input type="text" name="username" /><br>
    密码：<input type="text" name="password" /><br>
    <input type="submit" value="登录">
</form>
</body>
</html>
```

第五步：编写网站主页面main.jsp，作为网站的主页面使用，代码如下。

```jsp
<%@ page contentType="text/html;charset=UTF-8" language="java" %>
<html>
<head>
    <title>Title</title>
</head>
<body>
<% System.out.println("网站主页面加载成功……"); %>
<h3>浪潮集团</h3>
<p align="left">欢迎您：${username}</p>
</body>
</html>
```

第六步：定义LoginController文件来处理登录信息，静态的List集合模拟数据库中存储的用户信息。dologin方法接收到用户提交的用户名和密码之后会去"数据库"中查询是否是合法的用户，如果是，则调用进入主页面的请求进入网站，否则，将请求转发到登录页面，要求用户重新输入合法的用户名和密码，代码如下。

```java
package main.com.inspur.controller;

import main.com.inspur.po.User;
import org.springframework.stereotype.Controller;
import org.springframework.ui.Model;
import org.springframework.web.bind.annotation.RequestMapping;
```

```java
import javax.servlet.http.HttpSession;
import java.util.ArrayList;
import java.util.Arrays;
import java.util.List;

@Controller
public class LoginController {
    static List<User> all_user = new ArrayList<User>(Arrays.asList(new User("1", "张三", "123","1"),new User("2", "李四", "123456", "1"),new User("3", "王五", "123456", "0")));

    @RequestMapping(value="/login")
    public String gologin(){
        return "login";
    }
    @RequestMapping(value="/dologin")
    public String dologin(String username, String password, HttpSession session, Model model){
        if(username != null && !"".equals(username)&&
                password != null && !"".equals(password)){
            for(User u:all_user){
                if(u.getName().equals(username)&&u.getPassword().equals(password)){
                    session.setAttribute("username", username);
                    session.setAttribute("userid", u.getId());
                    session.setAttribute("useraccess", u.getAccess());

                    return "forward:gomain";
                }
            }
        }
        model.addAttribute("msg","用户名或密码错误，请重新登录！ ");
        return "forward:login";
    }

    @RequestMapping(value="/gomain")
    public String gomain(){
        System.out.println("控制器方法正在执行……");
        return "main";

    }
}
```

第七步：启动项目，登录页面效果，如图2-10所示。

图2-10　登录页面效果图

单击"登录"按钮后效果，如图2-11所示。

图2-11　单击"登录"按钮后效果图

第八步：添加用户登录状态检测拦截器。拦截器验证用户在当前会话中是否已经登录过，如果是，可以继续浏览网站，否则，网页跳转到登录页面，并提示消息："您尚未登录，不允许直接访问网站！"，代码如下。

```java
public class LoginInterceptor implements HandlerInterceptor{
    /**
     * 最先执行的方法，在处理器方法执行之前执行
     * 作用：进行登录验证、数据校验等
     * 返回值是布尔类型：true表示继续进行下一步（执行下一个拦截器或者处理器方法）
     */
    public boolean preHandle(HttpServletRequest request, HttpServletResponse response,
            Object handler) throws Exception {
        HttpSession session = request.getSession();
        if(session.getAttribute("userid")!=null){
            System.out.println("1.LoginInterceptor的preHandle方法正在被执行……[请求通过拦截器检查]");
            return true;
        }else{
            System.out.println("1.LoginInterceptor的preHandle方法正在被执行……[请求被拦截]");
            request.setAttribute("msg", "您尚未登录，不允许直接访问网站！");
            request.getRequestDispatcher("/login").forward(request, response);
        }
        return false;
    }
    /**
     * 执行时机：处理器方法执行完成之后，视图解析之前执行
     * 作用：对请求中的模型数据和视图进行进一步的修改
     */
    public void postHandle(HttpServletRequest request, HttpServletResponse response,
```

```java
                Object handler, ModelAndView mv) throws Exception {
            System.out.println("1.LoginInterceptor的postHandle方法正在被执行……");
    }
    /**
     * 在整个请求处理完成之后被执行
     * 通常用来进行资源的关闭或记录日志等操作
     */
    public void afterCompletion(HttpServletRequest request,
                HttpServletResponse response, Object hanler, Exception exp)
                throws Exception {
            System.out.println("1.LoginInterceptor的afterCompletion方法正在被执行……");
    }
}
```

第九步：在前端控制器中添加拦截器配置信息，配置用户登录状态拦截器生效的路径是除login相关请求之外的所有请求，代码如下。

```xml
<?xml version="1.0" encoding="UTF-8"?>
<beans xmlns="http://www.springframework.org/schema/beans"
    xmlns:xsi="http://www.w3.org/2001/XMLSchema-instance"
    xmlns:mvc="http://www.springframework.org/schema/mvc"
    xmlns:context="http://www.springframework.org/schema/context"
    xsi:schemaLocation="http://www.springframework.org/schema/beans http://www.springframework.org/schema/beans/spring-beans-4.0.xsd
                        http://www.springframework.org/schema/mvc http://www.springframework.org/schema/mvc/spring-mvc-4.0.xsd
                        http://www.springframework.org/schema/context http://www.springframework.org/schema/context/spring-context-4.0.xsd">

    <!-- 指定自动扫描的包，客户端发出请求时，MVC自动在该包内查找URL请求对应的处理方法 -->
    <context:component-scan base-package="com.inspur.controller"/>
    <!-- 视图解析器 -->
    <bean class="org.springframework.web.servlet.view.InternalResourceViewResolver">
        <property name="prefix" value="/"></property>
        <property name="suffix" value=".jsp"></property>
    </bean>
    <mvc:interceptors>
        <mvc:interceptor>
            <!-- 配置拦截器生效的路径:除login相关请求之外的所有请求-->
            <mvc:mapping path="/**"/>
            <mvc:exclude-mapping path="/*login"/>
            <!-- 拦截器的位置 -->
            <bean class="com.inspur.interceptor.LoginInterceptor"></bean>
        </mvc:interceptor>
    </mvc:interceptors>
</beans>
```

第十步：再次启动项目，测试结果及输出如下。

1）绕过登录过程，直接访问网站主界面，如图2-12所示。

图2-12　绕过登录过程，直接访问网站主界面

此时控制台输出"请求被拦截"结果，如图2-13所示。

```
1.LoginInterceptor的preHandle方法正在被执行……[请求被拦截]
```

图2-13　控制台输出"请求被拦截"结果图

2）按照正常登录流程进行登录，输入用户名："张三"，密码"123"。页面显示效果如图2-14所示。

图2-14　正常登录流程进行登录

控制台输出结果，如图2-15所示。

```
1.LoginInterceptor的preHandle方法正在被执行……[请求通过拦截器检查]
控制器方法正在执行。。。
1.LoginInterceptor的postHandle方法正在被执行……
网站主页面加载成功。。。
1.LoginInterceptor的afterCompletion方法正在被执行……
```

图2-15　正常登录流程输出结果

3）会话中登录过之后，直接访问网站主页面。页面显示效果如图2-16所示。

图2-16　访问网站主页面

任务4　文件上传和下载

任务描述

在日常开发工作中，基本上每个项目都会有各种文件需要上传和下载且大多数文件是Excel文件。Spring专门提供了一个接口MultipartFile，这个接口简化了从页面到服务端的文件操作。文件的下载也是很简单的，但是Response头如果没有设置好，就可能下载失败，下载下来也可能是乱码。虽然这些头设置很简单，但是每次下载文件的时候都要这样设置一下，其实是很烦琐的。

知识准备

一、文件上传

大多数文件上传都是通过表单形式提交给后台服务器，因此，要实现文件上传功能，就需要提供一个文件上传的表单，并且该表单必须满足以下3个条件。分别是表单的方法设置为post、enctype属性设置为multipart/form-data和提供<input type="file" name="filename" />的文件上传输入框，示例代码如下。

```
<form action="uploadUrl" method="post" enctype="multipart/form-data" >
    <input type="file" name="filename" />
    <input type="submit" value="文件上传"  multiple="multiple" />
</form>
```

当客户端提交的form表单中enctype属性为"multipart/form-data"时，浏览器会采用二进制流的方式来处理表单数据，服务器端会对请求中上传的文件进行解析处理。

Spring MVC为文件上传提供了直接的支持，这种支持是通过MultipartResolver（多部件解析器）对象实现的。MultipartResolver是一个接口，可以使用MultipartResolver的实现类CommonsMultipartResolver来完成文件上传工作。

在Spring MVC中使用MultipartResolver接口非常简单，只需要在配置文件中定义MultipartResolver接口的Bean即可，具体配置方式如下。

第一步：在Spring配置文件中添加以下配置：

```
<bean id="multipartResolver" class="org.springframework.web.multipart.commons.CommonsMultipartResolver"/>
<!-- 设置请求编码格式，必须与JavaScript中的pageEncoding属性一致，默认为ISO-8859-1 -->
<property name="defaultEncoding" value="UTF-8" />
<!-- 设置允许上传文件的最大值为2M，单位为字节 -->
<property name="maxUploadSize" value="2097152" />
</bean>
```

说明：

1）<property>元素可以配置文件解析器类CommonsMultipartResolver的如下属性。

①maxUploadSize：上传文件最大值（以字节为单位）。

②maxInMemorySize：缓存中的最大值（以字节为单位）。

③defaultEncoding：默认编码格式。

④resolveLazily：推迟文件解析，以便在Controller中捕获文件大小异常。

2）因为初始化MultipartResolver时，程序会在BeanFactory中查找名称为"multipartResolver"的MultipartResolver实现类，如果没有查找到对应名称的MultipartResolver实现类，将不提

供多部件解析处理。所以在配置CommonsMultipartResolver时必须指定该Bean的"id"为"multipartResolver"。

第二步：添加commons-fileload依赖。

CommonsMultipartResolver并未自主实现文件上传下载对应的功能，而是在内部调用了Apache Commons fileload的组件，所以使用Spirng MVC的文件上传功能，需要在项目中导入Apache Commons fileload组件的依赖，即commons-fileload依赖和commons-io依赖。由于commons-fileload依赖会自动依赖commons-io，所以可以只在项目的pom.xml文件中引入如下依赖。

```xml
<dependency>
    <groupId>commons-fileload</groupId>
    <artifactId>commons-fileload</artifactId>
    <version>1.4</version>
</dependency>
```

第三步：当完成文件上传表单和文件上传解析器的配置后，就可以在Controller中编写上传文件的方法，如下。

```java
@Controller
public class fileloadController {
    @RequestMapping("/fileload ")
    public String fileload(MultipartFile file) {
        if (!file.isEmpty()) {// 保存上传的文件，filepath为保存的目标目录
            file.transferTo(new File(filePath))return "uploadSuccess";}
            return "uploadFailure";}}
```

MultipartFile接口的常用方法见表2-2。

表2-2 MultipartFile接口的常用方法

方法声明	功能描述
byte[] getBytes()	将文件转换为字节数组形式
String getContentType()	获取文件的内容类型
InputStream getInputStream()	读取文件内容，返回一个InputStream流
String getName()	获取多部件form表单的参数名称
String getOriginalFilename()	获取上传文件的初始化名
long getSize()	获取上传文件的大小，单位是字节
boolean isEmpty()	判断上传的文件是否为空
void transferTo(File file)	将上传文件保存到目标目录下

二、文件下载

文件下载就是将文件服务器中的文件传输到本机上。进行文件下载时，为了不以客户端默认的方式处理返回的文件，可以在服务器端对所下载的文件进行相关的配置。配置的内容包括返回文件的形式、文件的打开方式、文件的下载方式和响应的状态码。其中，文件的打开方式可以通过响应头Content-Disposition的值来设定，文件的下载方式可以通过响

应头Content-Type中设置的MIME类型来设定。

要使用ResponseEntity对象进行文件下载,需要将文件资源对象包装在Resource对象中,然后将其返回给客户端,代码如下。

```java
@GetMapping("/download")
public ResponseEntity<Resource> downloadFile() throws IOException {
    File file = new File("/path/to/file");
    if (!file.exists()) {
        throw new FileNotFoundException();
    }
    HttpHeaders headers = new HttpHeaders();
    headers.add(HttpHeaders.CONTENT_DISPOSITION, "attachment; filename=myfile.txt");
    headers.add(HttpHeaders.CONTENT_TYPE, MediaType.APPLICATION_OCTET_STREAM_VALUE);
    Resource resource = new FileSystemResource(file);
    return ResponseEntity.ok()
            .headers(headers)
            .contentLength(resource.contentLength())
            .contentType(resource.contentType())
            .body(resource);
}
```

说明:在这个例子中,首先检查文件是否存在。如果文件不存在,则抛出一个FileNotFoundException异常。其次设置响应头Content-Disposition和Content-Type,告诉客户端如何处理返回的文件。最后,将文件资源对象包装在Resource对象中,并使用ResponseEntity对象将其返回给客户端进行下载。

任务实施

本案例要实现的功能是将文件上传到项目的文件夹下,文件上传成功后将上传的文件名称记录到一个文件中,并将记录的文件列表展示在页面中,单击文件列表的链接实现文件下载。

第一步:在项目的pom.xml中引入Spring及commons-fileload等相关的依赖,代码如下。

```xml
<!--Spring核心类-->
<dependency>
    <groupId>org.springframework</groupId>
    <artifactId>spring-context</artifactId>
    <version>5.3.10</version>
</dependency>
<!--Spring MVC-->
<dependency>
    <groupId>org.springframework</groupId>
    <artifactId>spring-webmvc</artifactId>
```

```
            <version>5.3.10</version>
        </dependency>
<dependency>
        <groupId>commons-fileload</groupId>
        <artifactId>commons-fileload</artifactId>
        <version>1.4</version>
</dependency>
```

第二步：在spring-mvc.xml中配置多部件解析器，具体配置如下。

```
<bean id="multipartResolver" class="org.springframework.web.multipart.commons.CommonsMultipartResolver">
<property name="defaultEncoding" value="UTF-8" />
<property name="maxUploadSize" value="2097152" /></bean>
```

第三步：创建一个名称为files.json的记录文件。为了便于对files.json文件内容的存取，创建和files.json内容对应的资源类Resource，Resource类的具体代码如下。

```
package com.inspur.pojo;

public class Resource {
    private String name;            //name属性表示文件名称

    public Resource() {
    }

    public Resource(String name) {
        this.name = name;
    }

    public String getName() {
        return name;
    }

    public void setName(String name) {
        this.name = name;
    }
}
```

第四步：创建名称为JSONFileUtils的工具类，代码如下。

```
package com.inspur.utils;

import org.apache.commons.io.IOUtils;

import java.io.FileInputStream;
import java.io.FileOutputStream;

public class JSONFileUtils {
```

```java
    public static String readFile(String filepath) throws Exception {
        FileInputStream fis = new FileInputStream(filepath);
        return IOUtils.toString(fis);
    }

    public static void writeFile(String data, String filepath)
            throws Exception {
        FileOutputStream fos = new FileOutputStream(filepath);
        IOUtils.write(data, fos);
    }
}
```

第五步： 创建名称为FileController的控制器类，在FileController类中定义处理文件上传的方法fileload()，用于保存客户端上传的文件和文件的名称。保存上传的文件之前，先将上传文件的名称和files.json文件中的文件名称进行比较，如果files.json文件中已经有同名文件，则将上传文件的名称与字符串（"1"）拼接，生成新的文件名称并保存。上传文件保存成功后，将保存的文件的名称存入files.json中，代码如下。

```java
package com.inspur.controller;

import com.fasterxml.jackson.core.type.TypeReference;
import com.fasterxml.jackson.databind.ObjectMapper;
import com.inspur.pojo.Resource;
import com.inspur.utils.JSONFileUtils;
import org.apache.commons.io.FileUtils;
import org.springframework.http.HttpHeaders;
import org.springframework.http.HttpStatus;
import org.springframework.http.MediaType;
import org.springframework.http.ResponseEntity;
import org.springframework.stereotype.Controller;
import org.springframework.web.bind.annotation.RequestMapping;
import org.springframework.web.bind.annotation.ResponseBody;
import org.springframework.web.multipart.MultipartFile;
import sun.misc.BASE64Encoder;
import javax.servlet.http.HttpServletRequest;
import javax.servlet.http.HttpServletResponse;
import java.io.File;
import java.net.URLEncoder;
import java.util.ArrayList;
import java.util.List;

@Controller
public class FileController {
    /**
```

```java
 * 文件上传
 */
@RequestMapping("fileload")
public String fileLoad(MultipartFile[] files,
                       HttpServletRequest request) throws Exception {
    //设置上传的文件所存放的路径
    String path = request.getServletContext().getRealPath("/") + "files/";
    ObjectMapper mapper = new ObjectMapper();
    if (files != null && files.length > 0) {
        //循环获取上传的文件
        for (MultipartFile file : files) {
            //获取上传文件的名称
            String filename = file.getOriginalFilename();
            ArrayList<Resource> list = new ArrayList<>();
            //读取files.json文件中的文件名称
            String json = JSONFileUtils.readFile(path + "/files.json");
            if (json.length() != 0) {
                //将files.json的内容转为集合
                list = mapper.readValue(json,
                    new TypeReference<List<Resource>>() {
                    });
                for (Resource resource : list) {
                    //如果上传的文件在files.json文件中有同名文件,将当前上传的文件重命名,
                    // 以避免重名
                    if (filename.equals(resource.getName())) {
                        String[] split = filename.split("\\.");
                        filename = split[0] + "(1)." + split[1];
                    }
                }
            }
            // 文件保存的全路径
            String filePath = path + filename;
            // 保存上传的文件
            file.transferTo(new File(filePath));
            list.add(new Resource(filename));
            json = mapper.writeValueAsString(list); //将集合转换为JSON字符串
            //将上传文件的名称保存在files.json文件中
            JSONFileUtils.writeFile(json, path + "/files.json");
        }
        request.setAttribute("msg", "(上传成功)");
        return "forward:fileload.jsp";
    }
    request.setAttribute("msg", "(上传失败)");
```

```java
        return "forward:fileload.jsp";
}

@ResponseBody
@RequestMapping(value = "/getFilesName",
        produces = "text/html;charset=utf-8")
public String getFilesName(HttpServletRequest request,
                            HttpServletResponse response) throws Exception {
    String path = request.getServletContext().
            getRealPath("/") + "files/files.json";
    String json = JSONFileUtils.readFile(path);
    return json;
}

/**
 * 根据浏览器的不同进行编码设置，返回编码后的文件名
 */
public String getFileName(HttpServletRequest request,String filename) throws Exception {
    BASE64Encoder base64Encoder = new BASE64Encoder();
    String agent = request.getHeader("User-Agent");
    if (agent.contains("Firefox")) {
        // 火狐浏览器
        filename = "=?UTF-8?B?" + new String
                (base64Encoder.encode(filename.getBytes("UTF-8"))) + "?=";
    } else {
        // IE及其他浏览器
        filename = URLEncoder.encode(filename, "UTF-8");
    }
    return filename;
}

/**
 * 文件下载
 */
@RequestMapping("/download")
public ResponseEntity<byte[]> fileDownload(HttpServletRequest request,
                                            String filename) throws Exception {
    // 指定要下载的文件所在路径
    String path = request.getServletContext().getRealPath("/files/");
    filename = new String(filename.getBytes("ISO-8859-1"), "UTF-8");
    // 创建该文件对象
    File file = new File(path + File.separator + filename);
    // 设置响应头
```

```java
            HttpHeaders headers = new HttpHeaders();
            filename = this.getFileName(request, filename);
            // 通知浏览器以下载的方式打开文件
            headers.setContentDispositionFormData("attachment", filename);
            // 定义以流的形式下载返回文件数据
            headers.setContentType(MediaType.APPLICATION_OCTET_STREAM);
            // 使用Sring MVC框架的ResponseEntity对象封装返回下载数据
            return new ResponseEntity<byte[]>(FileUtils.readFileToByteArray(file),
                    headers, HttpStatus.OK);
        }

    }
```

第六步：创建名称为fileload.jsp的文件，在fileload.jsp文件中创建一个文件上传表单，文件上传表单可以发起多文件上传请求，代码如下。

```html
<table border="1"> <tr>
        <td width="200" align="center">文件上传${msg}</td>
        <td width="300" align="center">下载列表</td> </tr>
    <tr> <td height="100">
            <form action="${pageContext.request.contextPath}/fileload"
                    method="post" enctype="multipart/form-data">
                <input type="file" name="files" multiple="multiple"><br/>
                <input type="reset" value="清空" />
                <input type="submit" value="提交"/>
            </form> </td>
        <td id="files"></td> </tr>
</table>
```

第七步：fileload.jsp加载完成，自动发起异步请求获取文件下载列表并且展示在页面中，JavaScript代码如下。

```javascript
<script>
        $(document).ready(function(){
                var url="${pageContext.request.contextPath }/getFilesName";
                $.get(url,function (files) {
                        var files = eval('(' + files + ')');
                        for (var i=0;i<files.length;i++){
                                $("#files").append("<li><a href=${pageContext.request.contextPath }"+ "\\"+ "download?filename="+files[i].name+">"+ files[i].name+"</a></li>" );
                        }
                })
        })
</script>
```

第八步：启动项目，在浏览器中访问fileload.jsp页面，访问地址为http://localhost:8080/chapter0204_war/fileload.jsp。fileload.jsp页面显示效果如图2-17所示。

图2-17　fileload.jsp页面显示

单击图2-17所示的"选择文件"按钮,弹出"打开"对话框,如图2-18所示。

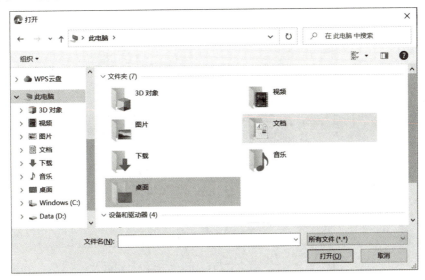

图2-18　弹出"打开"对话框

在"打开"对话框中,选择需要上传的文件进行上传,在此,选中2个同时上传的文件,如图2-19所示。

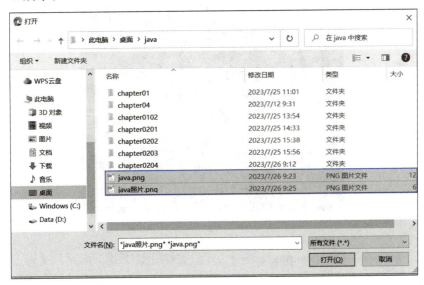

图2-19　选中2个同时上传的文件

单击"打开"对话框的右下角"打开"按钮，完成上传文件的选择。完成文件选择之后，"打开"对话框自动关闭。此时，fileload.jsp页面显示效果如图2-20所示。

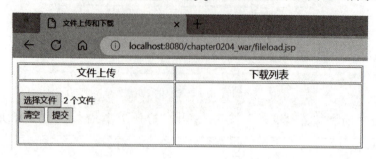

图2-20　完成上传文件的选择

在fileload.jsp页面显示效果图中，"选择文件"按钮后面显示选择了2个文件。单击"提交"按钮向服务端发送上传请求，fileload.jsp页面显示效果如图2-21所示。

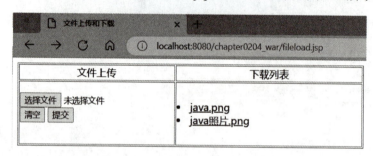

图2-21　单击"提交"按钮向服务端发送上传请求

在图2-21中，左侧栏显示文件上传成功信息，右侧栏中展示了刚上传成功的文件列表。此时，项目files文件夹下的内容如图2-22所示。

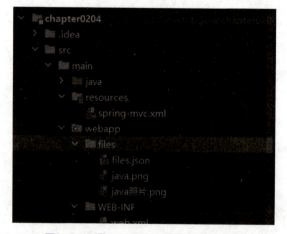

图2-22　项目"files"文件夹下的内容

单击"下载列表"中的java.png超链接，此时文件开始下载。至此，文件上传和下载案例全部完成。

项目小结

本项目通过对Spring MVC概念与特点的讲解，使读者对Spring MVC的进阶使用方法与注解的知识有初步了解，并能够掌握Spring MVC拦截器的定义方式与配置的方法，熟悉文件的上传与下载方法，最后通过所学知识为之后的Spring框架学习打好基础。

课后习题

选择题

（1）在Java EE开发中，系统经典的架构不包括（　　）。

  A．反馈层   B．表现层   C．业务层   D．持久层

（2）Spring MVC的核心组件不包括（　　）。

  A．控制器   B．视图解析器 C．模型   D．模块

（3）Spring MVC实现了Web层的（　　），其底层依赖于一系列的功能组件，配合完成整个功能。

  A．开发模式 B．设计思想 C．模板框架 D．开发规范

（4）（　　）前端控制器，也称为中央控制器，它负责接收客户端的HTTP请求并将请求转发给后端。

  A．HandlerMapper   B．DispatcherServlet

  C．HandlerAdapter   D．ViewResolver

（5）Spring MVC注解中，（　　）用于标识是处理器类。

  A．@Controller   B．@RequestMapping

  C．@Shower   D．@RequestParam

（6）当客户端发送一个HTTP请求到服务器时，Spring MVC会根据请求的（　　）和请求方法去查找。

  A．绝对路径 B．URL路径 C．相对路径 D．链接

（7）Spring MVC的处理器拦截器是一种在应用程序中对请求和响应进行处理的（　　）。

  A．模块   B．时间戳   C．指针   D．组件

（8）拦截器需要在（　　）中进行配置才能生效。

  A．后台控制器 B．业务控制器 C．前端控制器 D．结构控制器

（9）大多数文件上传都是通过（　　）形式提交给后台服务器。

  A．表单   B．表格   C．数组   D．对象

（10）文件的打开方式可以通过响应头（　　）的值来设定。

  A．Content-Type   B．ResponseEntity

  C．Content-Disposition   D．Resource

学习评价

通过学习本项目，看自己是否掌握了以下技能，在技能检测表中标出已掌握的技能。

评价标准	个人评价	小组评价	教师评价
（1）是否具备使用Spring MVC接收并响应浏览器发起的请求的能力			
（2）是否具备使用拦截器高效编辑代码的能力			
（3）是否具备独立使用Spring MVC实现文件上传下载的能力			
（4）是否具备Spring MVC规范注释编写的能力			

注：A为能做到；B为基本能做到；C为部分能做到；D为基本做不到。

项目 3

Spring Boot 开发入门

项目导言

在项目日渐庞大之后，纷繁复杂的XML配置文件让开发人员十分苦恼。在一个项目开发完成后，这种苦恼也许会消除，但是一旦接手新项目，又要复制、粘贴一些十分雷同的XML配置文件，周而复始地进行这种枯燥死板的操作让人不胜其烦。Spring Boot的横空出世解决了这个问题。Spring Boot通过大量的自动化配置等方式简化了原Spring项目开发过程中开发人员的配置步骤。其中，大部分模块的设置和类的装载都由Spring Boot预先做好，使得开发人员不用重复地进行XML配置，极大地提升了开发人员的工作效率。开发人员可以更加注重业务的实现而不是繁杂的配置工作，从而可以快速地构建应用。由于Spring官方力推，加上Spring Boot框架本身足够成熟，因此Spring Boot在开源社区、Java平台和企业项目实战中都处于炙手可热的状态。各类公司和技术团队都在使用和推广Spring Boot，它已经成为技术人员需要常规掌握的开发框架，更是Java求职者简历中不可或缺的技能。

学习目标

- 了解Spring Boot的特点；
- 熟悉Spring Boot的开发环境配置；
- 了解Spring Boot工程目录结构；
- 掌握Spring Boot的自动配置方法；
- 熟悉Spring Boot的执行流程；
- 了解Spring Boot的Starter的概念与使用；
- 掌握Spring Boot的项目热部署方法；
- 具备独立搭建Spring Boot开发环境的能力；
- 具备为Spring Boot项目添加热部署与单元测试的能力；
- 具备精益求精、坚持不懈的精神；
- 具有独立解决问题的能力；
- 具备灵活的思维和处理分析问题的能力；
- 具有责任心。

任务1 Spring Boot程序初识

任务描述

Spring Boot的核心设计思想是"约定优于配置"。基于这一设计原则，Spring Boot极大地简化了项目和框架的配置。例如，在使用Spring开发Web项目时，需要配置web.xml、Spring和MyBatis等，还需要将它们集成在一起。而使用Spring Boot一切将变得极其简单，它采用了大量的默认配置来简化这些文件的配置过程，只需引入对应的Starters（启动器）。Spring Boot可以构建一切。设计Spring Boot的目的就是为了使用最少的配置，以最快的速度来启动和运行Spring项目。

知识准备

一、Spring Boot简介

Spring框架是一个全面的企业级应用程序开发框架，它提供了许多模块和组件，包括依赖注入（DI）、面向切面编程（AOP）、数据访问、Web开发和安全等。Spring框架的目标是简化企业级应用程序的开发，提高开发效率和可维护性。

在Spring框架出现之前，Java EE开发最常用的框架是EJB（Enterprise Java Beans），但是EJB的开发需要大量的配置和管理，而且不够灵活。因此，随着企业应用开发的复杂性增加，越来越多的开发者开始转向轻量级的框架，例如，Struts、Hibernate等。

Spring框架的出现填补了这一空白，它提供了一种更加灵活、高效和易用的企业级应用程序开发方式。通过控制反转（IoC）和面向切面编程（AOP）的思想，Spring框架可以将应用程序的各个部分解耦，从而提高代码的可重用性和可维护性。同时，Spring框架还提供了大量的模块和组件，使得开发者可以快速地构建各种类型的企业应用程序。

Spring框架的配置确实是比较烦琐的，这也是早期版本使用XML配置的原因之一。但是随着时间的推移，Spring框架逐渐引入了更多的注解和配置方式，使得配置变得更加简单和灵活。

例如，在Spring Boot中，可以通过使用基于属性的配置、YAML配置和环境变量等方式来简化应用程序的配置。此外，Spring Boot还提供了自动配置的功能，可以根据应用程序的依赖关系自动配置各种组件，从而减少了开发人员的工作量。

Spring Boot是Spring框架的一种快速应用程序开发框架，它通过提供自动配置和快速启动功能，简化了Spring应用程序的开发过程。Spring Boot的目标是使开发者能够更快地构建独立的、生产级别的Spring应用程序。

二、Spring Boot特点

相比较传统的Spring框架，Spring Boot具有以下特点：

1）快速启动：Spring Boot应用程序的快速启动和运行是其一个非常重要的优点。这是因为Spring Boot会根据应用程序的依赖关系自动配置应用程序所需的各种组件，而无须手动配置。这样可以大大减少开发人员的工作量，并加快应用程序的启动速度。

2）独立运行：Spring Boot应用程序可以独立运行，不需要额外的依赖项或配置文件。这是因为Spring Boot应用程序的依赖关系和配置都已经打包在可执行的"jar包"中了。具体来说，Spring Boot应用程序的jar包包含了应用程序所需的所有依赖项（例如，Spring框架、数据库驱动程序等）以及应用程序的配置信息（例如，application.properties或application.yml）。因此，只需要将该jar包部署到支持Java虚拟机的环境中，就可以运行Spring Boot应用程序了。

3）微服务支持：Spring Boot适用于构建微服务架构，它提供了丰富的工具和库来支持微服务的开发。包括以下几个方面：

① 自动配置：Spring Boot可以根据应用程序的依赖关系自动配置各种组件，例如，Web服务器、数据库连接池和安全框架等。这样可以大大减少开发人员的工作量，并提高应用程序的可维护性。

② 依赖管理：Spring Boot提供了依赖管理功能，可以轻松地管理应用程序所需的各种依赖项。开发人员只需要在pom.xml文件中声明所需的依赖项，Spring Boot就会自动下载和配置这些依赖项。

③ Spring Cloud：Spring Boot是Spring Cloud的一部分，因此它提供了丰富的工具和库来支持微服务的开发。例如，Spring Cloud提供了服务发现和注册中心（Eureka）、负载均衡（Ribbon）和断路器（Hystrix）等功能，可以帮助开发人员快速构建可靠的微服务应用程序。

④ Spring MVC：Spring Boot集成了Spring MVC框架，可以方便地处理HTTP请求和响应。开发人员可以使用Spring MVC来构建RESTful API，从而实现微服务之间的通信。

4）易于测试：Spring Boot应用程序可以很容易地进行单元测试和集成测试，因为它们可以在不依赖外部环境的情况下运行。这是因为Spring Boot应用程序的启动过程非常简单，只需要将应用程序打包成可执行的jar包即可。因此，开发人员可以将应用程序部署到本地环境中进行测试，而不需要依赖任何外部资源。

5）强大的生态系统：Spring Boot拥有一个庞大的生态系统，包括许多第三方库和插件，可以帮助开发者更快速地构建应用程序。这些库和插件涵盖了各种不同的领域，例如，数据库、缓存、安全和消息队列等，开发人员可以根据自己的需求选择合适的库和插件来加速应用程序的开发。

6）自动配置：Spring Boot可以根据应用程序的依赖关系自动配置各种组件，例如，数据库、Web服务器等。这得益于Spring Boot的自动化配置机制，它可以根据应用程序的配置文件和依赖关系来自动配置各种组件。

7）约定优于配置：Spring Boot遵循一定的约定优于配置的原则，这意味着开发人员只需要遵循一些约定就可以轻松地使用Spring Boot。

8）面向生产：Spring Boot的设计目标是面向生产环境的应用程序开发，因此它具有高可靠性、高性能和高可伸缩性等特点。

三、开发环境准备

为了方便入门程序的编写，在开发入门程序之前，有必要对项目运行所需环境进行介绍，并提前准备完成。

1. JDK环境

目前，Spring Boot稳定版本为2.1.3，因此本书讲解的Spring Boot版本是2.1.3。根据Spring Boot官方文档说明，Spring Boot 2.1.3版本要求JDK版本必须是JDK 8以上，本书使用的是JDK 1.8.0_201版本。

2. 项目构建工具

在进行Spring Boot项目构建和案例演示时，为了方便管理，选择官方支持并且开发最常用的项目构建工具进行项目管理。Spring Boot 2.1.3版本官方文档声明支持的第三方项目构建工具包括Maven（3.3+）和Gradle（4.4+），本书将采用Apache Maven 3.6.0版本进行项目构建管理。

3. 开发工具

在Spring Boot项目开发之前，有必要选择一款优秀的开发工具。目前Java项目支持的常用开发工具包括Spring Tool Suite（STS）Eclipse和IntelliJ IDEA等。其中IntelliJ IDEA是近几年比较流行的，且业界评价较高的一款Java开发工具，尤其在智能代码助手、重构和各类版本工具（Git、SVN等）支持等方面的功能非常不错，因此本书选择使用IntelliJ IDEA Ultimate开发Spring Boot应用。

> **小提示**
>
> IDEA 工具有两个版本，分别是 Ultimate 旗舰版和 Community 社区版，它们的主要区别如下：Ultimate 版：收费，功能丰富，主要支持 Web 开发和企业级开发；Community 版：免费，功能有限，支持 JVM 和 Android 开发。

任务实施

1. 应用Maven构建Spring Boot项目

扫码观看视频

第一步：打开"New Project"，选择"Maven Archetype"，在右侧填写项目的名称、路径等相关信息，效果如图3-1所示，单击"Create"按钮。

第二步：创建后的项目，效果如图3-2所示。

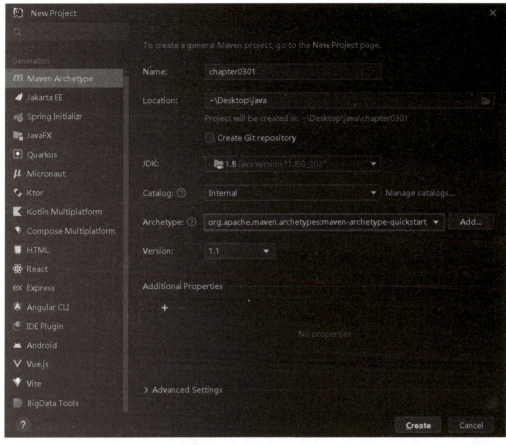

图3-1　新建Maven项目

图3-2　创建后的项目

第三步：在pom.xml文件中编辑代码，即可注入依赖。spring-boot-starter-parent依赖是项目统一父类管理依赖。spring-boot-starter-web依赖是Web开发场景的依赖启动器。

```xml
<parent>
    <groupId>org.springframework.boot</groupId>
    <artifactId>spring-boot-starter-parent</artifactId>
    <version>2.4.0</version>
    <relativePath/> <!-- lookup parent from repository -->
</parent>
<dependencies>
<dependency>
    <groupId>org.springframework.boot</groupId>
    <artifactId>spring-boot-starter-web</artifactId>
</dependency>
</dependencies>
```

第四步：编写主程序类。

在java目录下创建一个名为com.springboot的包，在该包下创建一个springboot启动类，添加@SpringBootApplication注解，该注解的作用是表明该类为启动类，代码如下。

```java
package com.springboot;

import org.springframework.boot.SpringApplication;
import org.springframework.boot.autoconfigure.SpringBootApplication;

@SpringBootApplication
public class Spring01Application {
    public static void main (String[] args){
        SpringApplication.run(Spring01Application.class,args);
    }
}
```

第五步：编写Controller类用于Web访问。

在com.springboot的包下创建一个controller包，在该包下创建一个TestController类，在该类上方添加@RestController注解，该注解的作用相当于@Controller+@ResponseBody两个注解的结合，返回JSON数据不需要在方法前面加@ResponseBody注解了，但使用@RestController这个注解，所编写的内容不经过视图解析器进行处理，直接返回字符串数据，代码如下。

```java
package com.springboot.controller;

import org.springframework.web.bind.annotation.GetMapping;
```

```
import org.springframework.web.bind.annotation.RestController;

@RestController
public class TestController {
    @GetMapping("/test")
    public String test(){
        return "Hello!!!!";
    }
}
```

第六步：运行启动类。

运行该项目，启动成功后打开浏览器，访问http://localhost:8080/test，访问成功后，如图3-3所示。

图3-3　项目启动成功

2. 使用Initializr创建Spring Boot项目

第一步：在左面侧边栏选择"Spring Initializr"项目，"Server URL"选择为默认，即"start.spring.io"，将会连接网络，确保网络流畅，保证查询Spring Boot的可用版本和组件，选择合适的项目类型，单击"Next"按钮进入下一步，如图3-4所示。

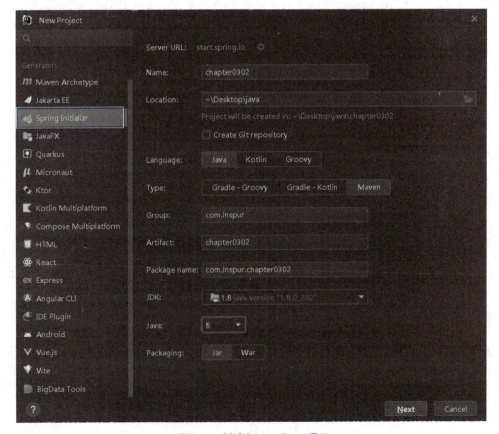

图3-4　新建Spring Boot项目

Spring Boot项目类型，具体属性见表3-1。

表3-1　Spring Boot项目类型

项目类型	解释
Name	项目的名称
Location	项目的路径
Language	开发语言，选择Java
Type	项目的构建方式，这里选择Maven
Group	是项目组织的唯一标识符，在实际开发中对应Java的包的结构
Artifact	是项目的唯一标识符，在实际开发中一般对应项目的名称
Packagie name	包的名称
JDK	本地安装的JDK的版本
Java	Java版本
Packaging	打包的方式

第二步：选择Spring Boot的版本，如图3-5所示。

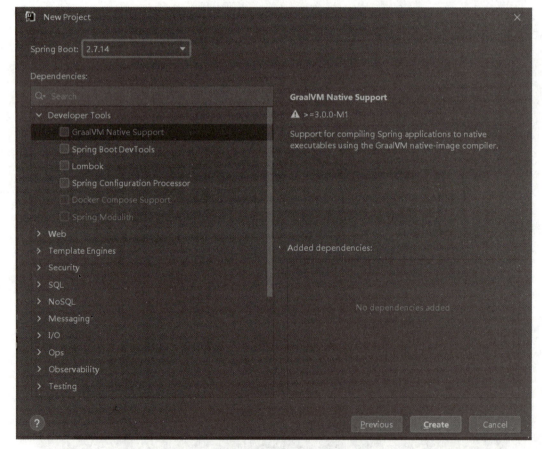

图3-5　选择Spring Boot的版本

第三步：项目创建成功后的目录，如图3-6所示。

图3-6 项目目录

第四步：打开pom.xml文件，发现Spring Boot相关依赖已经引入，无须再次引入。创建项目之后的依赖如下。

```xml
<parent>
    <groupId>org.springframework.boot</groupId>
    <artifactId>spring-boot-starter-parent</artifactId>
    <version>2.7.14</version>
    <relativePath/> <!-- lookup parent from repository -->
</parent>
<groupId>com.example</groupId>
<artifactId>chapter0302</artifactId>
<version>0.0.1-SNAPSHOT</version>
<name>chapter0302</name>
<description>chapter0302</description>
<properties>
    <java.version>1.8</java.version>
</properties>
<dependencies>
    <dependency>
        <groupId>org.springframework.boot</groupId>
        <artifactId>spring-boot-starter</artifactId>
    </dependency>

    <dependency>
```

```xml
            <groupId>org.springframework.boot</groupId>
            <artifactId>spring-boot-starter-test</artifactId>
            <scope>test</scope>
        </dependency>
    </dependencies>

    <build>
        <plugins>
            <plugin>
                <groupId>org.springframework.boot</groupId>
                <artifactId>spring-boot-maven-plugin</artifactId>
            </plugin>
        </plugins>
    </build>
```

第五步：启动Chapter0302Application类，效果如图3-7所示，说明Spring Boot项目启动成功。

图3-7　Spring Boot项目启动成功

任务2　Spring Boot程序探究

任务描述

　　Spring Boot通过一些starter的定义可以减少开发人员在依赖管理上所花费的时间。开发人员在整合各项功能的时候，不需要自己搜索和查找所需依赖，可以在Maven的pom文件中进行定义。可以将starter简单地理解为"场景启动器"，开发人员可以在不同的场景和功能中引入不同的starter。如果需要开发Web项目，就在pom文件中导入spring-boot-starter-web。在Web项目开发中所需的依赖都已经被放入spring-boot-starter-web中了，无须再次导入Servlet、Spring MVC等所需要的jar包。在项目中如果需要使用JDBC，在pom文件中导入spring-boot-starter-jdbc即可。针对其他企业级开发中遇到的各种场景，Spring Boot都有相关starter。如果没有对应的starter，开发人员也可以自行定义。使用Spring Boot开发项目可以非常方便地进行包管理，所需依赖及依赖jar包的关系和版本都由starter自行维护，在很大程度上减少了维护依赖版本所造成的jar包冲突或依赖的版本冲突。

> 知识准备

一、工程目录结构

新建好的任务1中Spring Boot的目录结构如图3-8所示。各目录作用如下。

图3-8 Spring Boot目录作用

1）src/main/java：用于组织项目中的所有Java源代码及主程序入口Application（主程序启动类），可以通过直接运行主程序启动类来启动Spring Boot应用程序。

2）src/main/resources：配置目录，该目录用来存放项目的配置文件。application.propertics配置文件用于存放程序中各种依赖模块的配置信息，例如，服务配置、数据库连接配置等。

3）src/test：单元测试目录，生成的ApplicationTests通过Junit 4实现，可以直接运行Spring Boot应用程序的测试。

4）pom.xml：项目依赖管理文件。POM（Project Object Model，项目对象模型）是Maven项目中的核心文件，采用XML格式，名称为pom.xml。该文件用于管理源代码、配置文件、开发者的信息和角色、问题追踪系统、组织信息、项目授权、项目的URL（Uniform Resource Locator，统一资源定位符）和项目的依赖关系等。在Maven项目中，可以什么都没有，甚至可以没有代码，但是必须包含pom.xml文件。

一个pom.xml的定义必须包含modelVersion、groupId、artifactId和version这4个元素，当然这其中的元素也是可以从它的父项目中继承的。在Maven中，一般使用groupId、artifactId和version组成groupdId:artifactId:version的形式来唯一确定项目。

二、Spring Boot自动配置

Spring Boot的自动配置是一个非常重要的功能，它使得开发人员可以更加方便地构建应用程序，而不需要手动配置各种组件。

Spring Boot应用的启动入口是@SpringBootApplication注解标注类中的main()方法，@SpringBootApplication能够扫描Spring组件并自动配置Spring Boot，自动配置代码如下。

```
@Target(ElementType.TYPE)
@Retention(RetentionPolicy.RUNTIME)
@Documented
@Inherited
@SpringBootConfiguration
@EnableAutoConfiguration
@ComponentScan(excludeFilters = { @Filter(type = FilterType.CUSTOM, classes = TypeExcludeFilter.class),
        @Filter(type = FilterType.CUSTOM, classes = AutoConfigurationExcludeFilter.class) })
public @interface SpringBootApplication {
...
}
```

Spring Boot的自动配置机制基于两个核心概念：注解和类路径扫描。

1. 注解

Spring Boot支持多种注解，例如，@Configuration、@EnableAutoConfiguration和@ComponentScan等。通过使用这些注解，开发人员可以告诉Spring Boot应该如何自动配置应用程序的各种组件。

（1）@Configuration

在Spring Boot框架中，通常使用@Configuration注解定义一个配置类，这个注解的作用是告诉Spring Boot这是一个配置类，可以被扫描和识别。

当Spring Boot启动时，它会自动扫描应用程序中的包和类，并查找带有@Configuration注解的类。如果找到了这样的类，Spring Boot就会将这些类加载到内存中，并将其作为应用程序的配置信息进行处理。

与传统的XML配置文件不同，使用@Configuration注解定义的配置类可以使用Java代码来实现配置逻辑，这样可以更加灵活、可读性更好，并且可以避免一些常见的配置错误。同时，由于Spring Boot支持自动装配，因此使用@Configuration注解定义的配置类可以直接注入其他Bean，从而简化应用程序的依赖关系。

使用@Configuration注解可以定义一个数据源、事务管理器、过滤器等Bean。例如，使用@Configuration注解定义一个简单数据源的示例：

```
@Configuration
public class DataSourceConfig {

    @Bean
    public DataSource dataSource() {
```

```
        return new DriverManagerDataSource();
    }
}
```

在这段示例中，@Configuration注解告诉Spring Boot这是一个配置类，并且定义了一个名为dataSource的Bean。

说明：@SpringBootConfiguration注解表示该类为Spring Boot配置类，并可以被组件扫描器扫描。由此可见，@SpringBootConfiguration注解的作用和@Configuration注解的作用相同，都是标识一个可以被组件扫描器扫描的配置类，只是@SpringBootConfiguration注解被Spring Boot重新进行了封装和命名。

（2）@EnableAutoConfiguration

使用@EnableAutoConfiguration注解可以启用Spring Boot的自动化配置机制。默认情况下，Spring Boot会自动配置一些常用的组件，例如，数据库连接池、消息队列等。如果需要禁用某些自动配置的功能，可以使用@EnableAutoConfiguration注解来覆盖默认配置。

在IDEA中，可以单击"Run→Edit Configurations"在弹出的窗口中设置"Programarguments"参数为"--debug"。启动应用程序之后，在控制台中即可看到条件评估报告。如果不需要进行某些自动配置，则可以通过@EnableAutoConfiguration注解的"exclude"或"excludeName"属性来指定，或在配置文件（application.properties或application.yml)中指定"springautoconfigure.exclude"的值。例如，禁用JDBC自动配置的示例：

```
@Configuration
@EnableAutoConfiguration(exclude = {DataSourceAutoConfiguration.class})
public class AppConfig {
    ...
}
```

在这段示例中，@EnableAutoConfiguration注解告诉Spring Boot启用自动化配置机制，并通过exclude属性排除了JDBC自动配置。这样就可以手动配置JDBC相关的组件了。

（3）@ComponentScan

使用@ComponentScan注解可以指定Spring Boot扫描哪些组件和配置信息。默认情况下，Spring Boot会从应用程序的类路径下扫描所有带有@Component、@Service和@Controller等注解的类，并将其注册为Spring Bean。例如，使用@ComponentScan注解扫描所有控制器的示例：

```
@Configuration
@ComponentScan(basePackages = "com.example")
public class AppConfig {
    ...
}
```

在这段示例中，@ComponentScan注解告诉Spring Boot扫描com.example包及其子包下的所有带有@Controller注解的类，并将其注册为Spring Bean。这样就可以方便地将控制器注入其他组件中使用了。

（4）@SpringBootApplication

@SpringBootApplication是Spring Boot中的一个组合注解，它包含了@Configuration、@EnableAutoConfiguration和@ComponentScan三个注解。

其中，@Configuration注解表示当前类是一个配置类；@EnableAutoConfiguration注解表示启用Spring Boot的自动配置功能，Spring Boot会根据classpath中存在的Bean定义自动进行配置；@ComponentScan注解表示扫描当前包及其子包下的所有组件，并将其注入Spring容器中。

使用@SpringBootApplication注解时，只需要在启动类上添加该注解即可，代码如下。

```
@SpringBootApplication
public class MyApp {

    public static void main(String[] args) {
        SpringApplication.run(MyApp.class, args);
    }
}
```

当应用程序启动时，Spring Boot会自动加载该应用程序上下文中的Bean定义，并根据需要进行自动配置。同时，它还会扫描该应用程序上下文中的所有组件，并将它们注入到Spring容器中。这样，我们就可以直接使用这些组件，而无须手动进行配置和注册。

2. 类路径扫描

Spring Boot会根据应用程序的类路径来扫描应用程序中的组件和配置信息。当Spring Boot启动时，它会扫描所有位于classpath下的jar包和目录，并根据注解和配置文件来进行自动配置。

Spring Boot会根据应用程序的类路径来扫描应用程序中的组件和配置信息。具体来说，它会扫描以下几个目录：

classpath下的jar包和目录：Spring Boot会扫描所有位于classpath下的jar包和目录，包括应用程序本身和其他依赖的jar包。

application.properties或application.yml文件所在的目录：Spring Boot会扫描这些文件所在的目录，并读取其中的属性值来进行自动配置。

系统环境变量指定的目录：Spring Boot会扫描系统环境变量指定的目录，例如，$JAVA_HOME/lib/ext目录下的jar包和目录。

在扫描过程中，Spring Boot会根据注解和配置文件来进行自动配置。例如，如果应用程序中有名为myapp-config.properties的配置文件，Spring Boot就会自动读取其中的属性值，并将其应用到应用程序中的各种组件上。同时，如果应用程序中有带有@Configuration、@ComponentScan等注解的类，Spring Boot也会自动注册这些类为Spring Bean。这样就可以方便地将组件和配置信息注入其他组件中使用了。

三、Spring Boot执行流程

1. Spring Boot常用类与接口

（1）SpringApplicationRunListener

SpringApplicationRunListener是Spring Boot应用程序的执行流程中不同执行时间点事件通知的监听器，一般来说非必要无须程序员实现SpringApplicationRunListener，即使是Spring Boot，也只是默认实现了一个类orgspringframeworkboot.context.event.EventPublishingRunListener。通过此类，在Spring Boot应用程序执行时，不同的时间点会发布不同的应用事件类型ApplicationEvent。

SpringApplicationRunListener接口中定义了多个回调方法，用于处理不同时间点发布的事件。例如：

onStartup：在应用程序启动时触发，可以用于执行一些初始化操作。

onEnvironmentPrepared：在应用程序的Spring环境准备就绪时触发，可以用于执行一些数据库连接等操作。

onContextSet：在应用程序上下文设置完成时触发，可以用于执行一些其他初始化操作。

onStart：在应用程序开始时触发，可以用于执行一些定时任务等操作。

onStop：在应用程序停止时触发，可以用于执行一些清理操作。

除了默认实现的RunListener类外，开发者也可以自定义实现SpringApplicationRunListener接口，并重写相应的回调方法，以满足自己的需求。

（2）ApplicationContextInitializer

ApplicationContextInitializer接口是Spring框架中用来初始化应用程序上下文的回调接口。当Spring容器启动时，会按照@Configuration注解标注的顺序调用，实现了该接口的所有方法来进行应用程序上下文的初始化操作。

该接口只有一个方法：initialize()，需要传入一个ServletContext对象作为参数，用于进行一些初始化操作。在实现该接口时，可以重写initialize()方法进行自定义的初始化操作，代码如下。

```
public class MyAppContextInitializer implements ApplicationContextInitializer<ConfigurableApplicationContext> {

    @Override
    public void initialize(ConfigurableApplicationContext applicationContext) throws Exception {
        //进行一些自定义的初始化操作
    }
}
```

（3）ApplicationRunner和CommandLineRunner

在项目开发过程中，经常需要在容器启动时执行一些程序处理，例如，读取配置文件、数据库连接等。因此，Spring Boot提供了两个接口以实现此需求，分别为ApplicationRunner和CommandLineRunner，它们均有一个run()方法，程序员只需实现run()方法即可。

ApplicationRunner是Spring Boot中用来运行测试用例的接口。它是一个轻量级的、简单的框架，可以用于执行单元测试、集成测试等测试场景。需要传入一个实现了TestConfigurableApplicationContext接口的对象作为参数，用于进行测试用例的执行。在实现该接口时，可以重写run()方法进行自定义的测试用例执行操作，代码如下。

```
public class MyApplicationRunner implements ApplicationRunner {

    @Override
    public void run(TestConfigurableApplicationContext context) throws Exception {
        // 进行一些自定义的测试用例执行操作
    }
}
```

使用MyApplicationRunner时，只需要将它添加到测试类的依赖中即可，Spring会自动创建一个TestContextManager对象并将其注入测试环境中，方便进行测试用例的执行，代码如下。

```
@RunWith(SpringRunner.class)
@SpringBootTest
public class MyControllerTest {

    @Autowired
    private MyApplicationRunner myApplicationRunner;

    @Test
    public void testMyController() throws Exception {
        myApplicationRunner.run(context);
    }
}
```

CommandLineRunner是Spring Boot中用来在应用程序启动后执行一些异步任务的接口。它是一个轻量级的、简单的框架，可以用于执行定时任务、清理任务等异步任务场景。

该接口只有一个方法：run，需要传入一个ConfigurableApplicationContext对象作为参数，用于进行异步任务的执行。在实现该接口时，可以重写run()方法进行自定义的异步任务执行操作，代码如下。

```
public class MyCommandLineRunner implements CommandLineRunner {

    @Override
    public void run(ConfigurableApplicationContext context) throws Exception {
        // 进行一些自定义的异步任务执行操作
    }
}
```

使用MyCommandLineRunner时，只需要将它添加到应用程序的依赖中即可，Spring会自动创建一个CommandLineRunnerFactory对象并将其注入应用程序中，方便进行异步任务的执行，代码如下。

```
@SpringBootApplication
public class MyApp {

    @Autowired
    private MyCommandLineRunner myCommandLineRunner;

    public static void main(String[] args) {
        ConfigurableApplicationContext context = SpringApplication.run(MyApp.class, args);
        myCommandLineRunner.run(context);
    }
}
```

2. 执行流程

每个Spring Boot应用程序都有一个主程序启动类，其中的main方法即启动入口，main方法通过调用SpringApplication.run方法执行整个Spring Boot应用程序。

Spring Boot应用程序的执行流程主要分为3个部分：第1部分进行SpringApplication的初始化，配置一些基本的环境变量、资源、构造器和监听器；第2部分实现应用具体的执行方案，包括执行流程的监听模块、加载配置环境模块和核心的创建上下文环境模块；第3部分是自动配置。Spring Boot应用的执行流程如图3-9所示。

图3-9 Spring Boot应用的执行流程

具体步骤如下：

1）创建Spring Application实例，调用run方法，同时将启动入口类作为参数传递进去，由此开始了Spring Boot内部相关核心组件以及配置的启动和加载。

2）通过Spring Factories Loader加载META-INF/spring.factories文件，获取并创建SpringApplicationRunListener对象。

3）由SpringApplicationRunListener发出starting消息。

4）创建参数并配置当前Spring Boot应用需要使用的Environment实例。

5）完成之后，依然由SpringApplicationRunListener发出environmentPrepared消息。

6）创建Spring的应用上下文实例：ApplicationContext，初始化该实例并设置应用环境配置实例Environment，同时加载相关的配置项。

7）由SpringApplicationRunListener发出contextPrepared消息，告知Spring Boot应用当前使用的ApplicationContext已准备完毕。

8）将各种Bean组件装载入Spring的IO容器/应用上下文ApplicationContext中，继续由SpringApplicationRunListener发出contextLoaded消息，告知Spring Boot应用当前使用的ApplicationContext已准备完毕。

9）重新刷新Refresh Spring的应用上下文实例ApplicationContext，完成IoC容器可用的最后一步。

10）由SpringApplicationRunListener发出started消息，完成最终的程序启动。

11）由SpringApplicationRunListener发出running消息，告知程序已成功运行。

四、Spring Boot的Starter

在任何一个项目中，依赖管理都是至关重要的一部分。如果依赖管理中的内容变得复杂，那么开发难度也会随之升高。虽然Maven已经简化了依赖管理的复杂程度，但对于众多的artifacts来说，这明显是不够的。

在这时Spring Boot Starter就起到了作用。它将所需的依赖全部以一致的方式进行注入并进行统一管理。开发人员在使用时只需在pom文件中进行依赖注入即可，以达到快速搭建项目的目的。

1. Starter概述

Starter可以将需要的功能整合起来，像是一个可拔插式的插件，方便使用。例如，使用spring-boot-starter-redis来实现redis；使用spring-boot-starter-jdbc来实现jdbc。

其中spring-boot-starter-*起步依赖是Spring Boot核心之处，它提供了Spring和相关技术提供一站式服务，让开发者不再关心Spring相关配置，简化了传统的依赖注入操作，当然开发人员也可通过application.properties文件自定义配置。Spring Boot常规启动都遵循类似的命名模式spring-boot-starter-*，其中*是一种指定类型的应用程序，例如，spring-boot-starter-web表示应用程序依赖Spring Web相关内容。另外，Spring Boot支持第三方插件引用，第三方启动程序通常以项目的名称开始。例如，mybatis依赖插件引用为mybatis-spring-boot-starter。Starter的结构图如图3-10所示。

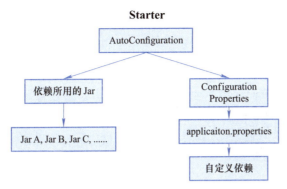

图3-10　Starter结构图

比较常用的Starter见表3-2。

表3-2　比较常用的Starter表

名称	作用
spring-boot-starter	核心Starter，包括自动化配置支持、日志以及YAML
spring-boot-starter-aop	Spring AOP和AspectJ相关的切面编程Starter
spring-boot-starter-data-jpa	使用Hibernate Spring Data JPA的Starter
spring-boot-starter-jdbc	使用HikariCP连接池JDBC的Starter
spring-boot-starter-security	使用Spring Security的Starter
spring-boot-starter-test	SpringBoot测试相关的Starter
spring-boot-starter-web	构建restful、Spring MVC的Web应用程序的Starter
spring-boot-starter-data-redis	支持redis缓存

2. Starter的使用

基本上不同的Starter都会使用到两个内容：AutoConfiguration和ConfigurationProperties。使用ConfigurationProperties来保存配置，并且这些配置都可以有一个默认值，在没有主动覆写原始配置的情况下，默认值就会生效。除此之外，通过使用Starter中的ConfigurationProperties特性，能够将所有相关的配置属性优雅地集中管理在单个配置文件中。这一做法不仅简化了配置的维护，还极大地提升了项目的可读性和可维护性，使用户彻底摆脱了传统Spring项目中烦琐且难以管理的XML配置文件所带来的糟糕体验。通过这种方式，配置管理变得更加直观和高效。

spring-boot-starter-web的代码如下：

```
<dependencies>
    <dependency>
        <groupId>org.springframework.boot</groupId>
        <artifactId>spring-boot-starter</artifactId>
        <version>2.2.2.RELEASE</version>
        <scope>compile</scope>
    </dependency>
    <dependency>
        <groupId>org.springframework.boot</groupId>
        <artifactId>spring-boot-starter-json</artifactId>
```

```xml
        <version>2.2.2.RELEASE</version>
        <scope>compile</scope>
    </dependency>
    <dependency>
        <groupId>org.springframework.boot</groupId>
        <artifactId>spring-boot-starter-tomcat</artifactId>
        <version>2.2.2.RELEASE</version>
        <scope>compile</scope>
    </dependency>
    <dependency>
        <groupId>org.springframework.boot</groupId>
        <artifactId>spring-boot-starter-validation</artifactId>
        <version>2.2.2.RELEASE</version>
        <scope>compile</scope>
        <exclusions>
            <exclusion>
                <artifactId>tomcat-embed-el</artifactId>
                <groupId>org.apache.tomcat.embed</groupId>
            </exclusion>
        </exclusions>
    </dependency>
    <dependency>
        <groupId>org.springframework</groupId>
        <artifactId>spring-web</artifactId>
        <version>5.2.2.RELEASE</version>
        <scope>compile</scope>
    </dependency>
    <dependency>
        <groupId>org.springframework</groupId>
        <artifactId>spring-webmvc</artifactId>
        <version>5.2.2.RELEASE</version>
        <scope>compile</scope>
    </dependency>
</dependencies>
```

分析上述代码可以了解到，spring-boot-starter-web依赖的作用是支持全栈式Web开发，包括Tomcat和spring-webmvc，提供Web开发场景所需的底层所有依赖。

在pom.xml文件中引入spring-boot-starter-web依赖时，基本就满足了日常的Web接口开发，而不使用Spring Boot时，需要引入spring-web、spring-webmvc和spring-aop等来支持项目开发就可以实现Web场景开发，不需要导入其他Web依赖文件以及Tomcat服务器等。

五、Spring Boot项目热部署

Spring Boot项目热部署是指在应用程序运行过程中，可以自动重新加载应用程序的配置

文件和代码，而无须手动重启应用程序。这对于开发人员来说非常方便，可以大大提高开发效率。

Spring Boot支持热部署的主要原因是它使用了Spring Framework的动态模块系统，该系统允许应用程序在运行时动态加载和管理模块。具体来说，Spring Boot使用spring-boot-devtools依赖来启用热部署功能。该依赖会自动将应用程序的配置文件和类文件打包成一个可执行的jar包，并将其放置在target/classes目录下。当应用程序需要重新加载配置文件或类文件时，只需要重新运行spring-boot:run命令即可。

除了使用spring-boot-devtools依赖之外，还可以使用其他一些工具来实现热部署。例如，可以使用Gradle的restart插件来重新运行应用程序，或者使用IntelliJ IDEA的Build Automatically功能来自动重新编译和运行应用程序。

Spring Boot DevTools是Spring Boot提供的一个开发工具，它可以自动重启应用程序来实现热部署。其原理如下：

1）启动应用程序时，Spring Boot DevTools会创建一个嵌入式的Tomcat服务器，并将其配置为支持自动重启。

2）当应用程序需要重新加载配置文件或类文件时，Spring Boot DevTools会将这些文件打包成一个可执行的jar包，并将其放置在target/classes目录下。

3）Spring Boot DevTools会在应用程序关闭时自动检测到需要重新加载的文件，并将其重新打包成可执行的jar包。

4）在重新启动应用程序时，Spring Boot DevTools会使用新的jar包替换旧的jar包，从而实现热部署。

5）如果应用程序在重新加载过程中发生了异常，Spring Boot DevTools会捕获异常并记录日志，以便开发人员进行排查。

如果开发的是大型项目，重启项目会非常耗时，所以使用热部署减少重启时间能显著提高开发效率。

任务实施

本任务基于任务1中使用Maven项目构建的Spring Boot项目进行的添加热部署和单元测试。

第一步：添加测试依赖。

在pom.xml文件中添加spring-boot-start-test测试依赖，代码如下。

```
<dependency>
    <groupId>org.springframework.boot</groupId>
    <artifactId>spring-boot-starter-test</artifactId>
    <scope>test</scope>
</dependency>
```

第二步：新建Demo2ApplicationTests类，用来编写单元测试，代码如下。

```java
package com.springboot;
import com.springboot.controller.TestController;

import org.junit.Test;
import org.junit.runner.RunWith;
import org.springframework.boot.test.context.SpringBootTest;
import org.springframework.boot.test.mock.mockito.SpyBean;
import org.springframework.test.context.junit4.SpringRunner;

@RunWith(SpringRunner.class)
@SpringBootTest
public class Demo2ApplicationTests {
    @SpyBean
    private TestController testController;
    @Test
    public void contextLoads() {
        System.out.println(TestController.test());
    }
}
```

第三步：选中所需测试方法，单击鼠标右键，在弹出的快捷菜单中选择"Run contextLoads()"命令启动测试方法，控制台会显示如下信息，如图3-11所示。

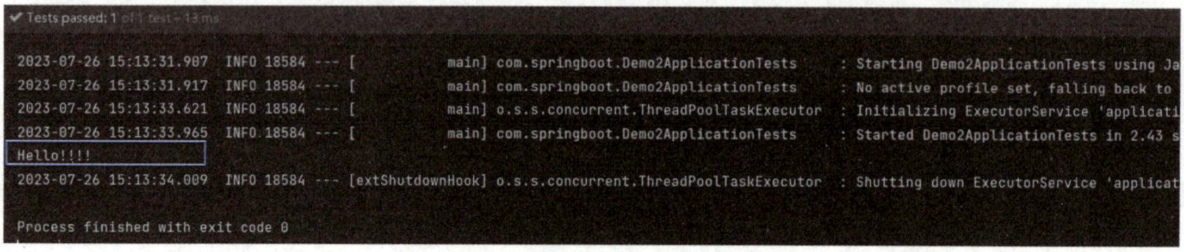

图3-11 测试运行图

第四步：要实现热部署功能，需在pom文件中添加依赖，代码如下。

```xml
<!--devtools热部署-->
<dependency>
    <groupId>org.springframework.boot</groupId>
    <artifactId>spring-boot-devtools</artifactId>
    <optional>true</optional>
</dependency>
```

第五步：在main结构下引入resources目录，新建application.yml，并在application.yml配置devtools，效果如图3-12所示。

第六步：修改IDEA的设置。选择IDEA软件下"Settings"选项中的"Build,Execution,Deployment"，并选择"Compiler"勾选上"Build project automatically"复选框，如图3-13所示。

项目3 Spring Boot开发入门

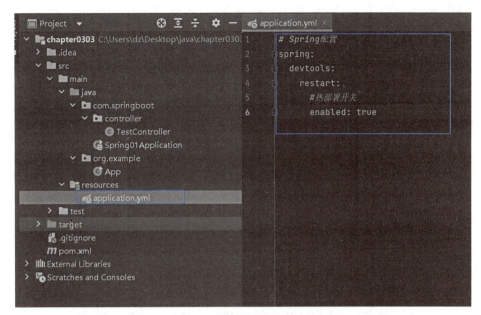

图3-12 在"application.yml"配置devtools

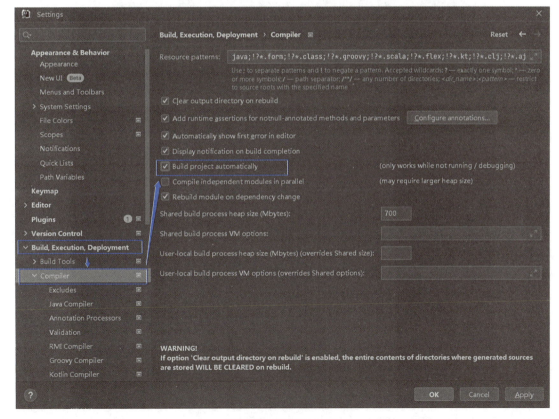

图3-13 配置Compiler

第七步：新建HotController类，用来编写测试代码，代码如下。

```
package com.springboot.controller;

import org.springframework.web.bind.annotation.CrossOrigin;
import org.springframework.web.bind.annotation.RequestMapping;
import org.springframework.web.bind.annotation.RestController;

@CrossOrigin
@RestController
public class HotController {
    @RequestMapping("/index")
    public String index() {
        return "welcom you";
    }
}
```

进行测试,重新启动项目,效果如图3-14所示。

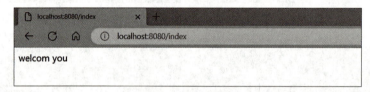

图3-14 重新启动项目

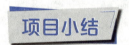

本项目通过介绍一个简单的Spring Boot项目的基本创建过程,让读者感受到Spring Boot的魅力。当一个Spring Boot项目创建成功之后,几乎零配置,开发者就可以直接使用Spring和Spring MVC中的功能了。本项目还介绍了Spring Boot常见的基础性配置,包括依赖管理的多种方式,例如,入口类注解、配置类注解、Web容器配置、Spring Boot的执行流程和热部署等,这些配置将是后面内容的基础。

选择题

(1) Spring Boot应用的启动入口是(　　)注解标注类中的main()方法。

  A. @Purchase   B. @Security

  C. @SpringBootApplication   D. @Aerobics

（2）在Spring Boot框架中，通常使用（　　）注解定义一个配置类。

　　A．@Configuration　　　　　　　B．@Security

　　C．@SpringBootApplication　　　D．@Aerobics

（3）使用（　　）注解定义的配置类可以直接注入其他Bean，从而简化了应用程序的依赖关系。

　　A．@Configuration　　　　　　　B．@Security

　　C．@SpringBootApplication　　　D．@Aerobics

（4）使用（　　）注解可以启用Spring Boot的自动化配置机制。

　　A．@Configuration　　　　　　　B．@SpringBootApplication

　　C．@EnableAutoConfiguration　　D．@Aerobics

（5）使用（　　）注解可以指定Spring Boot扫描哪些组件和配置信息。

　　A．@SpringBootApplication　　　B．@ComponentScan

　　C．@EnableAutoConfiguration　　D．@Configuration

（6）（　　）是数据库中最基本的数据类型。

　　A．浮点数类型　　B．时间类型　　C．整数类型　　D．字符串

（7）当Spring Boot启动时，它会扫描所有位于（　　）下的jar包和目录。

　　A．classpath　　B．lib　　C．path　　D．modle

（8）CommandLineRunner和ApplicationRunner，它们均有一个（　　）方法，程序员只需实现该方法即可。

　　A．serve()　　B．test()　　C．main()　　D．run()

（9）Spring Boot（　　）是指在应用程序运行过程中，可以自动重新加载应用程序的配置文件和代码，而无须手动重启应用程序。

　　A．项目热部署　　　　　　　　　B．项目自动同步

　　C．项目自动重启　　　　　　　　D．项目自动保存

（10）在（　　）文件中引入spring-boot-starter-web依赖时，基本就满足了日常的Web接口开发。

　　A．bus.xml　　B．asij.xml　　C．pom.xml　　D．zuso.xml

学习评价

通过学习本项目，看自己是否掌握了以下技能，在技能检测表中标出已掌握的技能。

评价标准	个人评价	小组评价	教师评价
（1）是否具备独立搭建Spring Boot开发环境的能力			
（2）是否具备为Spring Boot项目添加热部署与单元测试的能力			

注：A为能做到；B为基本能做到；C为部分能做到；D为基本做不到。

项目 4

Spring Boot 原理解读与配置

项目导言

Spring Boot支持两种格式的全局配置文件:属性文件格式和YAML格式。配置文件用于对Spring Boot项目的默认配置进行微调,配置文件放在src/main/resources目录下或者类路径的/config目录下。Spring Boot使用SnakeYAML库来解析.yml格式的文件,只要在类路径上有SnakeYAML库,SpringApplication类就会自动支持以YAML格式替代属性文件格式。spring-boot-starter会自动提供SnakeYAML,所以无须配置该库。本项目主要讲解基于智慧信息管理系统的基本配置和自定义配置。

学习目标

- 了解Spring Boot的默认配置文件的内容;
- 熟悉注入配置文件属性值的方法;
- 了解自定义配置文件的方法;
- 掌握@ImportResource注解的使用方法;
- 熟悉多环境配置的方法;
- 熟悉@Profile注解的使用方法;
- 具备独立为Spring Boot的各种环境配置文件的能力;
- 具备为系统自定义配置文件的能力;
- 具备精益求精、坚持不懈的精神;
- 具有独立解决问题的能力;
- 具备灵活的思维和处理分析问题的能力;
- 具有责任心。

任务1 智慧信息管理系统的基础配置

任务描述

YAML是JSON的超集，其全称是YAML Ain't Markup Language（YAML不是标记语言），在开发这种语言时，YAML的意思其实是Yet Another Markup Language（仍是一种标记语言），但为了强调这种语言是以数据为中心，而不是以标记语言为重点，所以用反向缩略语重命名。YAML是一种数据序列化语言，其通过最小化结构字符的数量，并允许数据以自然和有意义的方式显示自己，从而实现了独特的简洁性。例如，缩进可以用于结构，冒号可以分隔键值对，破折号用于创建"项目符号"列表。数据结构有无数种风格，但它们都可以用三种基本原语来充分表示：映射（哈希/字典）、序列（数组/列表）和标量（字符串/数字）。YAML利用了这些原语，并添加了一个简单的类型系统和别名机制，以形成用于序列化任何本机数据结构的完整语言。

知识准备

一、模块化管理

1. 模块化管理概述

在Spring Boot中，可以使用模块化管理来组织和管理项目的各个模块。模块化管理可以更好地分离和组织项目的功能，并提高代码的可维护性和可扩展性。

下面是一些常用的模块化管理方法：

1）Maven多模块项目：使用Maven来管理多个模块的项目。在一个父项目下，可以创建多个子模块，每个子模块都有自己的独立的功能和依赖。通过在父项目的pom.xml文件中声明子模块，可以实现模块之间的依赖管理和构建顺序。

2）Gradle多项目构建：使用Gradle来管理多个独立的项目。每个项目都有自己的独立的构建文件（build.gradle），可以定义自己的依赖和构建任务。通过在根项目的settings.gradle文件中声明子项目，可以实现模块之间的依赖管理和构建顺序。

3）Spring Boot Starter：Spring Boot提供了一种快速创建和配置模块的方式，称为Starter。一个Starter是一个包含了特定功能的模块，它可以自动配置和加载所需的依赖。通过使用Starter，可以轻松地引入和使用各种功能模块，例如，数据库访问、Web开发和安全性等。

4）模块化开发：将项目按照功能或业务进行模块化划分，每个模块都有自己的独立代码和依赖。模块之间可以通过定义清晰的接口和依赖关系进行交互和调用。可以使用Maven或Gradle来管理模块之间的依赖关系。每个模块都可以独立构建、测试和部署，方便团队协作和并行开发。模块化开发可以提高代码的可维护性和可重用性，减少代码的耦合性。

2. 模块化管理项目步骤

进行模块化管理项目有两种方式，一种是创建一个父项目，在项目里面添加子模块，在IDEA软件中具体步骤如下：

第一步：先创建一个Spring Boot项目，参照项目3中的创建方式。

第二步：创建完项目之后，选择项目，单击鼠标右键，在弹出的快捷菜单中选择"New"→"Module"命令，效果如图4-1所示。

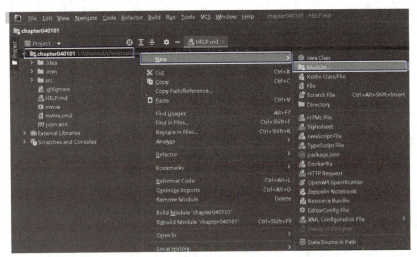

图4-1 选择项目

第三步：在弹出的"New Module"对话框中，填写相关信息，创建Spring Boot模块，效果如图4-2所示。

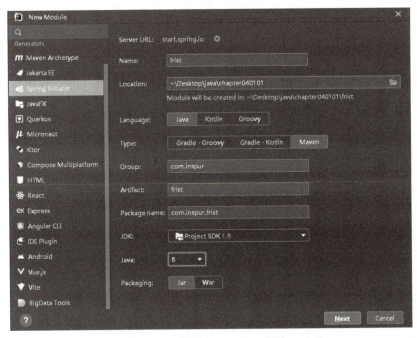

图4-2 创建Spring Boot模块

第四步：单击"Next"按钮后，在弹出的"New Module"对话框中选择Spring Boot的版本，并添加"Spring Web"依赖，效果如图4-3所示。

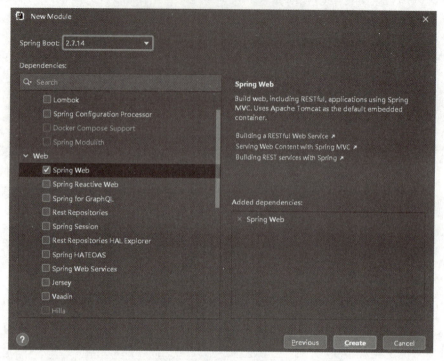

图4-3　选择版本、添加依赖

第五步：创建成功后，效果如图4-4所示，此时创建的模块在"chapter040101"中。

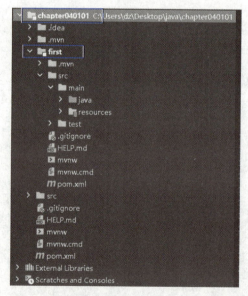

图4-4　创建成功

说明：如果first中resources、java文件都和main一样是灰色的，说明没有解析过来，需要进行相关操作，把忽略的pom.xml文件前面的对号去掉，如图4-5所示。

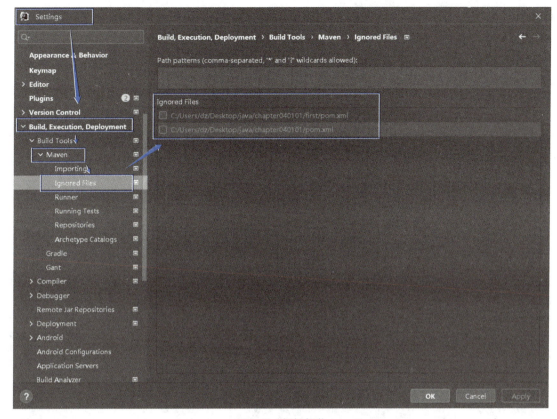

图4-5 解析操作

二、默认配置文件

对于Spring Boot项目都需要全局配置文件，目的是用来修改Spring Boot自动配置的默认值。一般使用Properties文件或YAML文件作为全局的配置文件。

1. application.properties

（1）application.properties概述

在基于Spring Boot搭建的应用中，Spring Boot会自动创建一个名为application.properties的文件，并将其放置在src/main/resources目录下。Spring Boot会自动读取该文件中的属性并将其应用到应用程序中。用于存储应用程序的配置信息。在application.properties文件中，还可以设置各种属性，例如，数据库连接、端口号和日志级别等。

Spring Boot框架自动添加application.properties文件的目的之一是为了实现自动配置机制。自动配置机制会根据应用所引入的starter包来自动触发实现对应功能的Bean对象的创建。例如，当使用spring-boot-starter-data-redis启动器时，Spring Boot会自动创建一个RedisTemplate类型的Bean对象，并将其注册到Spring容器中。这个过程是自动完成的，无须手动创建和配置。

在基于Spring Boot搭建的应用中，通常不需要手动指定application.properties文件的位置和内容，因为Spring Boot会自动创建和管理这个文件。同时，也可以通过修改application.

properties文件中的属性来动态地更改应用程序的配置。

在传统的基于Spring搭建的应用中，通常使用application.properties文件来存储应用程序的配置信息，例如，想更改项目启动的端口号。配置文件的内容是由一系列键值对组成的，基本语法格式是"key=value"的格式，用"#"作为注释的开始。在项目的application.properties配置文件里配置了服务器端口号和日志级别，示例代码如下。

```
# 服务器端口配置
server.port=80
# 日志级别配置
logging.level.root=INFO
logging.level.org.springframework=DEBUG
logging.level.com.example=WARN
```

运行代码，效果如图4-6所示。

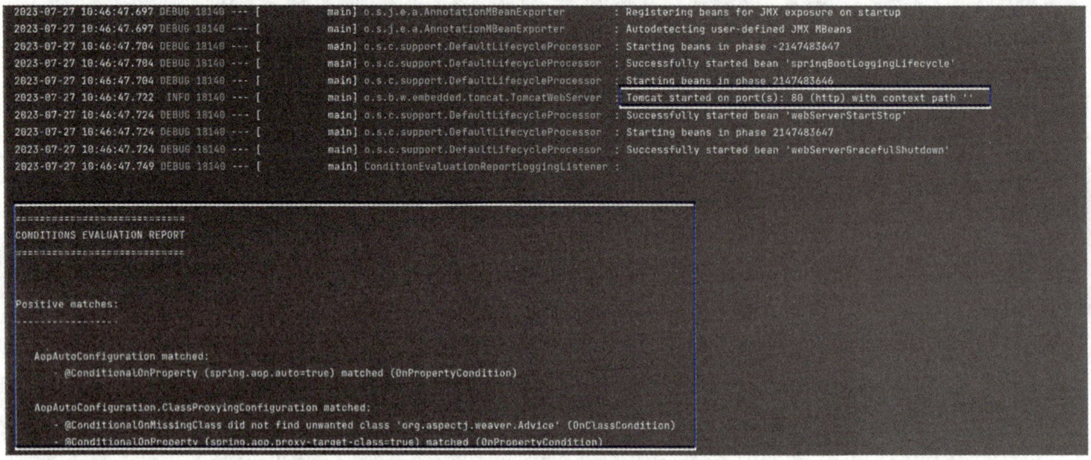

图4-6 查看端口和日志

具体可以配置的文件可以通过Spring官网进行查看，选择对应的使用版本，单击"Reference Doc"，进入如下界面，选择"Application Properties"，如图4-7所示。

此时可以看到如图4-8所示效果，在此处有16类相关配置。

（2）application.properties文件的位置

aplication.properties文件除了可以放在resources目录下之外，还可以放在其他几个位置，并且存在一个加载优先级的关系，即不同位置都存在一个application.properties文件，则以优先级高的位置的application.properties文件的内容为准。以下是以优先级从高到低的顺序来列举application.properties文件可以存放的位置：

1）与src目录平级的config目录下的application.properties文件，该优先级最高。

2）与src目录平级的application.properties文件。

3）resources目录的子目录config下的application.properties文件。

4）resources目录的application.properties文件，这个也是Spring Boot默认存放的application.properties文件。

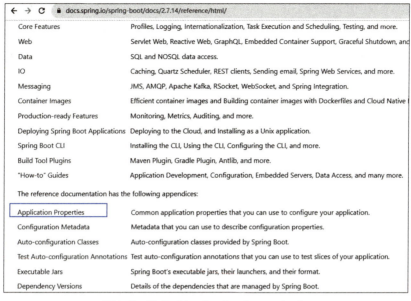

图4-7 选择"Application Properties"

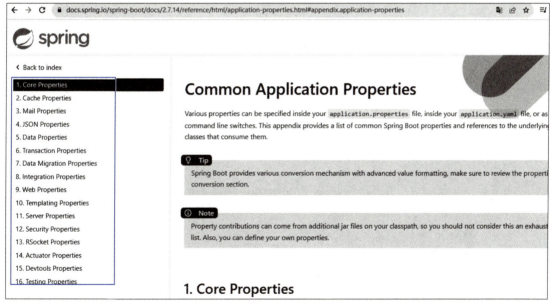

图4-8 16类相关配置

2. application.yaml

（1）YAML概述

YAML是一种人类可读的以数据为中心数据序列化语言，文件格式是Spring Boot支持的一种JSON超集文件格式。相较于传统的Properties配置文件，YAML文件以数据为核心，是一种更为直观且容易被计算机识别的数据序列化格式。它的语法比较简洁直观，特点是使用空格来表达层次结构，其最大优势在于数据结构方面的表达，所以YAML更多应用于编写配置文件，其文件一般以.yml或.yaml为扩展名。

想要使用YAML作为属性配置文件（以.yml或.yaml为扩展名），需要将SnakeYAML库添加到classpath下，Spring Boot中的spring-boot-starter-web或spring-boot-starter都对SnakeYAML库做了集成，只要项目中引用了这两个Starter中的任何一个，Spring Boot会自动添加SnakeYAML库到classpath下。

（2）YAML数据结构

YAML支持的数据结构有对象（通过键值对表示）、数组和纯量（单个的不可再分的值）。

1）对象。对象是键值对的集合，冒号后面必须有一个空格或换行，又称为映射（mapping）/哈希（hashes）/字典（dictionary），代码如下。

```
animal: pets
plant:
    tree
```

也可以将多个键值对写成一个行内对象：

```
hash: {name: Steve, foo: bar}
```

2）数组。数组使用连字符和空格"-"表示，代码如下。

```
animal:
- Cat
- Dog
- Goldfish
#行内表示法
animal: [Cat, Dog, Goldfish]
```

3）纯量。纯量的数据类型有字符串、布尔值、整数、浮点数、Null、时间和日期。其中字符串默认不使用引号表示，如果字符串之中包含空格或特殊字符，需要放在引号之中，代码如下。

```
str: This_is_a_line
str: 'content: a string'
```

（3）YAML语法

在使用YAML过程中，需要遵循其自身的基本语法，如下。

1）大小写敏感。

2）属性层级关系使用多行描述，每行结尾使用冒号结束。

3）使用缩进表示层级关系。同层级左侧对齐。

4）缩进时不允许使用<Tab>键，只允许使用空格。

5）属性值前面添加空格（属性名与属性值之间使用"冒号+空格"作为分隔）。

6）使用"#"表示注释。

YAML文件编写的语法如下。

1）"key:（空格）value"格式配置属性，使用缩进控制层级关系。其中空格不可省略，大小写是敏感的。

2）当YAML配置文件中配置的属性值为普通数据类型时，可以直接配置对应的属性值，同时对于字符串类型的属性值，不需要额外添加引号，示例代码如下，配置server的port和path属性，其中port和path处于同一级。

```
server:
    port: 8080
    path: /index
```

3）当YAML配置文件中配置的属性值为数组或单列集合类型时，主要有两种书写方式：缩进式写法和行内式写法，其中缩进式写法有两种。

第一种缩进式为使用"-（空格）属性值"的形式，代码如下。

```
student:
    course:
        - Mathematics
        - Chinese
        - English
```

第二种缩进式为多个属性值之前加英文逗号分隔，最后一个属性不要添加逗号，代码如下。

```
student:
    course:
        Mathematics,
        Chinese,
        English
```

行内式写法，可使用"[]"将数据包含在其中，也可以将"[]"省略，代码如下。

```
student:
    course: [Mathematics,Chinese,English]
```

（4）YAML文件位置

在配置YAML文件时，默认放在resources中，除此之外，还可以放在classpath根路径下、当前工程路径下、classpath根路径下的config目录下和当前工程路径下的config目录下，效果如图4-9所示。

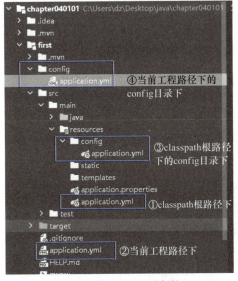

图4-9　配置YAML文件

说明：优先级为逐级升高：④的优先级最高，①的优先级最低。

若出现同一个属性配置，则优先级高的配置会覆盖优先级低的配置，若配置的属性不同，则多个配置文件间会互补。

三、注入配置文件属性值

Spring Boot提供了许多配置，其默认提供的配置，会自动扫描并读取到属性值。但通常需要在配置文件中自己定义值，并将值应用到程序中。

1. @Value注入属性

@Value注解是Spring框架提供的，用来读取配置文件中的属性值并逐个注入Bean对象的属性中，基于@Value注解来将application.properties或application.yml文件的某个键值对属性赋值到Java类的某个属性中，其中该属性对应的键需要放在"${一级属性名.二级属性名…}"的花括号里面。支持使用SpEL（Spring Expression Language）进行类型转换和验证；支持使用默认值和自定义格式化器等。在Spring Boot中还可以使用该注解读取和注入配置文件的属性值。

【示例】使用@Value注入单个属性步骤如下：

第一步：在application.properties或application.yml文件中定义一个国家、城市和省份，代码如下。

```
country: china
province: tianjin
city: tianjin
```

第二步：创建firstController类，使用@Value注入单个属性，代码如下。

```
package com.example.first.controller;

import org.springframework.beans.factory.annotation.Value;
import org.springframework.web.bind.annotation.GetMapping;
import org.springframework.web.bind.annotation.RequestMapping;
import org.springframework.web.bind.annotation.RestController;

@RestController
@RequestMapping("/first")
public class firstController {
    //读取YAML数据中的单一数据
    @Value("${country}")
    private String country1;
    @GetMapping
    public String getById(){
        System.out.println("springboot is running");
        return "country1===>"+country1;
    }
}
```

第三步：启动项目，打开浏览器，调用配置文件的效果，如图4-10所示，说明调用配置文件的country。

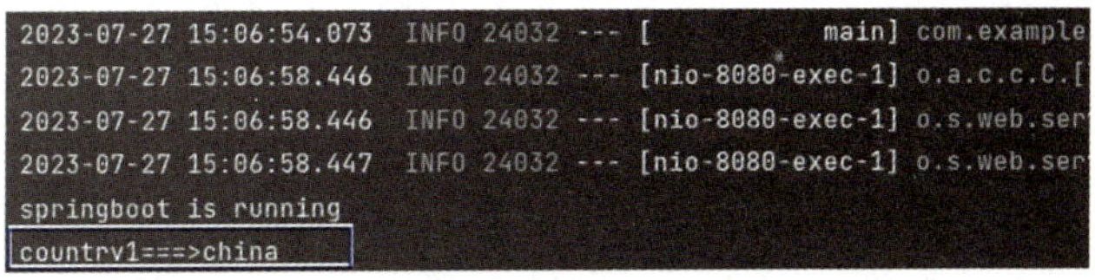

图4-10 调用配置文件的country效果图

第四步：在配置文件中定义数组格式的users，并填写相关信息，代码如下。

```
users:
  - name: zhangsan
    age: 10
  - name: lisi
    age: 17
```

第五步：使用@Value注入单个属性，代码如下。

```
@RestController
@RequestMapping("/first")
public class firstController {
    //读取YAML数据中的单一数据
    @Value("${country}")
    private String country1;
    @Value("${users[1].age}")
    private  String age1;
    @GetMapping
    public  String getById(){
        System.out.println("springboot is running");
        System.out.println("country1===>"+country1);
        System.out.println("age1===>" + age1);
        return "springboot is running";
    }
}
```

第六步：运行代码，刷新界面，控制台输出调用配置文件的age效果，如图4-11所示。

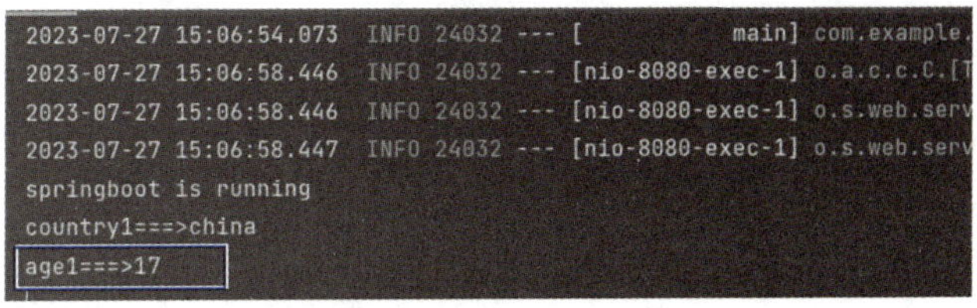

图4-11 调用配置文件的age效果

在这个例子中，每个属性都有一个对应的字段，它们将自动填充配置文件中的值。如果配置文件中没有指定某个属性的值，则可以使用默认值或者通过构造函数等方式进行设置。需要注意的是：在使用@Value注解时，需要在字段上添加@PropertySource("classpath:application.properties")或者@PropertySource("classpath:application.yml")注解，以便让Spring Boot能够找到配置文件。

在使用过程中，如果涉及修改一个文件时另一个配置选项也需要修改，可以使用"${属性名}"的方式进行修改，下面定义了一个基本目录和临时文件目录，代码如下。

```
baseDir: C:\windows
tempDir: C:\windows\temp
```

当修改路径时，可以修改baseDir的路径，下面使用"${属性名}"的方式就可以避免多次修改，使用"${属性名}"的方式，代码如下。

```
baseDir: C:\windows
#使用${属性名}引用数据
tempDir: ${baseDir}\temp
```

2. @Autowired注入属性

@Autowired是Spring框架中的注解，用于自动装配Bean对象。通过@Autowired注解，可以将一个Bean对象自动注入另一个Bean对象中，而不需要手动创建和设置依赖对象。@Autowired注解可以用在字段、构造方法和方法上，具体使用方式如下：

1）字段注入，代码如下。

```
@Autowired
private SomeService someService;
```

2）构造方法注入，代码如下。

```
private SomeService someService;

@Autowired
public SomeController(SomeService someService) {
    this.someService = someService;
}
```

3）方法注入，代码如下。

```
private SomeService someService;

@Autowired
public void setSomeService(SomeService someService) {
    this.someService = someService;
}
```

【示例】在对YAML数据读取的过程中，可以通过@Autowired将全部数据封装到Environment对象中。

第一步：配置文件代码如下。

```yaml
lesson: SpringBoot
server:
  port: 80
enterprise:
  name: zhangsan
  age: 10
  subject:
    - JAVA
    - 前端
```

第二步：使用@Autowired将全部数据封装到Environment对象中，代码如下。

```java
@RestController
@RequestMapping("/first")
public class firstController {
    @Autowired
     private Environment env;

    @GetMapping
    public  String getById(){
        System.out.println(env.getProperty("lesson"));
        System.out.println(env.getProperty("enterprise.name"));
        System.out.println(env.getProperty("enterprise.subject[0]"));
            return "springboot is running";
    }
}
```

第三步：运行项目，看到输出对应的结果如图4-12所示。

图4-12　使用@Autowired结果

3. @ConfigurationProperties注入属性

@ConfigurationProperties注解是Spring Boot提供的一种用于将配置文件中的属性值注入到Java类中的方法。它可以自动将配置文件中的属性值映射到Java类的字段上，并提供了一些方便的特性，例如，支持嵌套属性和数组类型的属性；支持类型转换和验证；支持默认值和自定义格式化器等。

以下是一个使用@ConfigurationProperties注解的例子。

首先，在application.properties或application.yml文件中定义一个属性，代码如下。

```
enterprise:
  name: zhangsan
  age: 10
  subject:
    - JAVA
    - 前端
```

然后，创建一个Java类来接收这些属性值，代码如下。

```
//定义为Spring管控的Bean
@Component
//指定加载的数据
@ConfigurationProperties (prefix = "enterprise")
public class Enterprise {
private String name;
private Integer age;
private String[] subject;
}
```

在这个例子中，@Component注解将Enterprise类标记为Spring Bean，而@ConfigurationProperties(prefix = "enterprise")注解指定了要从哪个前缀开始读取属性值。接下来，每个属性都有一个对应的字段，它们将自动填充配置文件中的值。如果配置文件中没有指定某个属性的值，则可以使用默认值或者通过构造函数等方式进行设置。

4. @ConfigurationProperties和@Value注解区别

两种注解可以满足对于配置文件的注入，分别是@ConfigurationProperties和@Value。这两者之间的区别如下。

（1）底层框架

@ConfigurationProperties注解为Spring Boot框架，@Value则是Spring框架支持的，由于Spring Boot默认支持Spring框架，所以可以在Spring Boot框架中使用@Value注解的相关功能。

（2）功能

@ConfigurationProperties将配置文件中的属性批量注入Bean对象，@Value为单独注入。

（3）松散语法

松散语法是指Properties文件中设置属性值时，可变更对应的属性名，使用"-"、"_"等分隔名称。例如，在Student实体类中，设置所属班级为private String className，className可以在属性配置时使用如下配置方式。

```
student.className=ClassOne        //使用的标准方式
student.class-name=ClassOne       //使用"-"分隔单词
student.class_name=ClassOne       //使用"_"分隔单词
STUDENT.CLASS_NAME=ClassOne       //使用大写和"_"分隔单词
```

这种方式只能在应用了@ConfigurationProperties注解的情况下使用，@Value注解不可使用。

（4）SpEL

@Value支持SpEL表达式，对应的语法为@Value("#{表达式}")，应用这种方法可以直接注入Bean的属性值，而@ConfigurationProperties注解不支持此功能，代码如下。

```
@Value("#{2*7}")
private int id;         //id
@Value("#{'张Pote'}")
private String name;    //姓名
```

（5）JSR303数据校验

JSR303数据校验是@ConfigurationProperties注解所支持的，主要作用是用来校验Bean中属性是否符合相关的数值规定，如若不符合相关的校验规定，程序就会自动报错，下面是几种基本的校验规则，完整校验规则请另寻查看。

1）空校验。

@Null校验对象是否为null。

@NotNull校验对象是否不为null。

@NotBlank校验约束字符串是不是Null以及被Trim去空的长度是否大于0，只对应字符串，并且会去掉前后的空格。

@NotEmpty校验对应的约束元素是否为NULL或者是EMPTY。

2）Booelan校验。

@AssertTrue校验Boolean对象是否为true。

@AssertFalse校验Boolean对象是否为false。

3）长度校验。

@Size(min=, max=)校验对象长度是否在给定的范围之内。

@Length(min=, max=)校验带注释的字符串在最小和最大之间。

4）日期校验。

@Past校验Date以及Calendar对象是否在当前时间之前。

@Pattern校验String对象是否符合正则表达式的规则。

5）数值校验。

@Min校验Number和String对象是否大于或等于指定的值。

@Max校验Number和String对象是否小于或等于指定的值。

@Email校验是否是邮件地址，如果为null，则不进行验证，表示通过验证。

（6）Setter方法

@ConfigurationProperties注解进行配置文件属性值读取注入时，必须设置setter方法才能匹配注入对应的Bean属性上。

@Value注解进行配置文件属性值注入时，无须设置setter方法，只需通过表达式读取对应的信息，自动注入到下方的Bean属性上。

（7）复杂类型封装

@ConfigurationProperties注解支持任意数据类型的属性注入，包括复杂类型。

@Value只能注入基本数据类型。

下面对两种注解进行详细的区别说明，两者区别说明见表4-1。

表4-1 两者区别说明

	@ConfigurationProperties	@Value
底层框架	Spring Boot	Spring
功能	批量注入	单个注入
松散语法	支持	不支持
SpEL	不支持	支持
JSR303数据校验	支持	不支持
Setter方法	需要	不需要
复杂类型封装	支持	不支持

任务实施

在项目3的基础上，完善智慧信息管理系统，配置对应的项目环境。在resources目录下，在application.yml中配置服务器、数据库连接、knife4j文档配置和mybatis-plus配置，具体步骤如下。

扫码观看视频

第一步：打开application.yml文件，配置服务器，代码如下。

```
server:
  port: 80    #运行端口号
  #tomcat属性配置
  tomcat:
    uri-encoding: UTF-8
    max-connections: 10000    #接收和处理的最大连接数
    acceptCount: 10000        #可以放到处理队列中的请求数
    threads:
      max: 1000    #最大并发数
      min-spare: 500 #初始化时创建的线程数
```

第二步：配置数据库连接，代码如下。

```
# 数据库连接属性配置
spring:
  datasource:
    url: jdbc:mysql://localhost:3306/am?useUnicode=true&characterEncoding=utf8&nullCatalogMeansCurrent=true
    username:
    driver-class-name: com.mysql.jdbc.Driver
    password:
    hikari:
      max-lifetime: 60000
      maximum-pool-size: 20
      connection-timeout: 60000
      idle-timeout: 60000
      validation-timeout: 3000
      login-timeout: 5
      minimum-idle: 10
  messages:
    basename: i18n/i18n_messages
    encoding: UTF-8
```

第三步：knife4j文档配置，代码如下。

```
knife4j:
  enable: true
  production: false
  basic:
    password: 123456
    username: cg
    enable: true
```

第四步：mybatis-plus配置，代码如下。

```
mybatis-plus:
  configuration:
    log-impl: org.apache.ibatis.logging.stdout.StdOutImpl
  mapper-locations: classpath*:mapper/*.xml
  type-aliases-package: com.cg.test.model
```

任务2 智慧信息管理系统的自定义配置

任务描述

使用传统Spring配置的过程，就如同订比萨的时候自己指定全部的辅料。开发者可以完全掌控Spring配置的内容，可是显式声明应用程序里全部的Bean并不是明智之举。而Spring Boot自动配置就像是从菜单上选一份特色比萨，让Spring Boot处理各种细节比自己声明上下文里全部的Bean要容易很多。幸运的是，Spring Boot自动配置非常灵活。就像比萨厨师可以不在你的比萨里放蘑菇，而是加墨西哥胡椒一样，Spring Boot能让开发者参与进来，影响自动配置的实施。

知识准备

一、自定义配置文件

定义一个或多个属性源，这些属性源可以是Java中的类路径、文件系统路径和其他资源位置。当应用程序启动时，Spring Boot会自动加载这些属性源，并将其中的属性值注入应用程序中。

默认情况下，@PropertySource注解只支持读取properties格式的配置文件，不支持读取yml格式的配置文件。但是，可以通过添加spring-boot-configuration-processor依赖来解决这个问题。这个依赖包含了一个名为spring-boot-configuration-processor的BeanPostProcessor，它可以将yml格式的配置文件转换为properties格式的配置文件，从而使得@PropertySource注解可以读取yml格式的配置文件。

【示例】 使用@PropertySource注解指定自定义配置文件的位置和名称。

第一步：新建自定义配置文件mytest.properties，其中包含一些属性，代码如下。

```
role.name=总经理
role.description=所有权限
role.permissionIds=20,21,22
```

第二步：创建一个名为MyTestProperties的Java类，用于接收这些属性值，代码如下。

```java
import org.springframework.boot.context.properties.ConfigurationProperties;
import org.springframework.boot.context.properties.EnableConfigurationProperties;
import org.springframework.context.annotation.Configuration;
import org.springframework.context.annotation.PropertySource;

import java.util.List;

@Configuration   //本类为配置类
@PropertySource("classpath:mytest.properties")   //指定自定义文件的位置和名称
@EnableConfigurationProperties(MyTestProperties.class)   //开启对应配置类的属性注入功能
@ConfigurationProperties(prefix = "role")   //指定配置文件注入属性的前缀
public class MyTestProperties {
    private String name;
    private String description;
    private List<Long> permissionIds;

    public String getName() {
        return name;
    }

    public void setName(String name) {
        this.name = name;
    }

    public String getDescription() {
        return description;
    }

    public void setDescription(String description) {
        this.description = description;
    }

    public List<Long> getPermissionIds() {
        return permissionIds;
    }

    public void setPermissionIds(List<Long> permissionIds) {
        this.permissionIds = permissionIds;
    }
```

```
    @Override
    public String toString() {
        return "MyTestProperties{" +
                "name='" + name + '\'' +
                ", description='" + description + '\'' +
                ", permissionIds=" + permissionIds +
                '}';
    }
}
```

第三步：定义测试类，代码如下。

```
import cn.js.ccit.configuration.MyTestProperties;
import cn.js.ccit.vo.Role;
import org.junit.jupiter.api.Test;
import org.springframework.beans.factory.annotation.Autowired;
import org.springframework.boot.test.context.SpringBootTest;
@SpringBootTest
class Unit24ApplicationTests {

    @Autowired
    private MyTestProperties myTestProperties;
    @Test
    public void myTestProp(){
        System.out.println(myTestProperties);
    }

}
```

第四步：运行测试类，效果如图4-13所示。

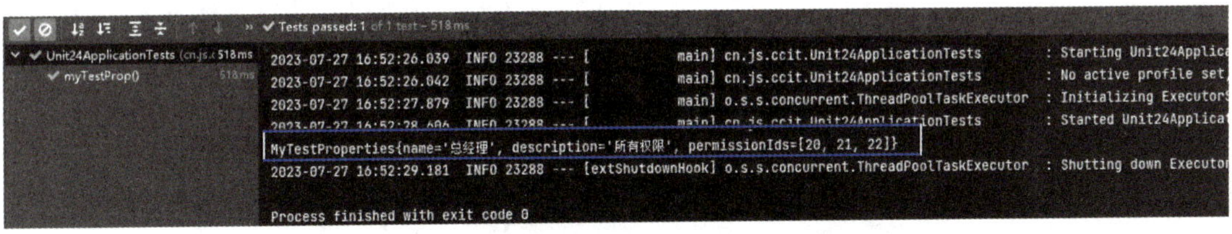

图4-13 @PropertySource注解使用效果

二、@ImportResource注解

对于传统的XML配置文件，在Spring Boot项目中同样可以使用@ImportResource注解进行手动加载。

@ImportResource注解通常放置在启动类上，在注解中编写locations = "classpath:…"来标记XML文件的路径和名称。

【示例】使用@ImportResource注解加载XML配置文件。

第一步，在resources目录下，创建ImportResourceTest.xml文件，编写对应的约束语句以及<bean>标签,代码如下。

```xml
<?xml version="1.0" encoding="UTF-8"?>
<beans xmlns="http://www.springframework.org/schema/beans"
       xmlns:xsi="http://www.w3.org/2001/XMLSchema-instance"
       xsi:schemaLocation="http://www.springframework.org/schema/beans http://www.springframework.org/schema/beans/spring-beans.xsd">
    <bean id="student" class="com.example.demo.entity.Student">
        <property name="name" value="zhang"/>
        <property name="className" value="ClassThree"/>
    </bean>
</beans>
```

第二步:新建Student实体类,注入属性值数据,代码如下。

```java
public class Student {
    private int id;                    //id
    private String name;               //姓名
    private String className;          //所属班级
    private String[] course;           //所上课程
private Elective elective;             //选修课程
private Map map;
//省略setter和getter方法
//省略toString()方法
}
```

第三步:修改启动类DemoApplication注解,添加@ImportResource(locations = "classpath:ImportResourceTest.xml"),代码如下。

```java
@ImportResource(locations = "classpath:ImportResourceTest.xml")
@SpringBootApplication
public class DemoApplication {
    public static void main(String[] args) {
        SpringApplication.run(DemoApplication.class, args);
    }
}
```

第四步:编写测试类DemoApplicationTests,代码如下。

```java
@SpringBootTest
class DemoApplicationTests {
    @Autowired
    private Student student;
    @Test
    void contextLoads() {
        System.out.println(student);
    }
}
```

第五步:运行测试类,在控制台查看效果,如图4-14所示。

图4-14 控制台效果

通过控制台可以看到，Student中注入了name和className的属性值。说明应用了@ImportResource注解将XML配置文件注入了Spring容器中。

三、多环境配置概述

多环境配置是指在同一个应用程序中，根据不同的运行环境（例如，开发环境（dev）、测试环境（test）和生产环境（prod等））来加载不同的配置文件或设置不同的参数。

在实际开发中，通常需要根据不同的环境来调整应用程序的行为和性能。例如，在开发环境中，可能需要启用一些调试功能或使用一些不太稳定的代码；而在生产环境中，则需要确保应用程序的稳定性和安全性。

为了实现多环境配置，可以使用以下几种方法：

1）使用不同的配置文件：根据不同的环境，可以创建不同的配置文件，并将它们放在不同的目录下。然后，在应用程序启动时，可以根据当前的环境来加载相应的配置文件。

2）使用不同的参数：除了配置文件之外，还可以使用不同的参数来控制应用程序的行为。例如，在开发环境中，可以将数据库连接字符串设置为一个临时值；而在生产环境中，则应该使用一个固定的值。

3）使用环境变量：可以将不同的环境信息存储在环境变量中，并在应用程序启动时读取这些变量的值。这样，就可以根据当前的环境来加载相应的配置文件或设置相应的参数。

无论使用哪种方法，都需要注意以下几点：

1）确保不同环境下的配置文件或参数不会相互干扰或冲突。

2）在修改配置文件或参数时，需要进行充分的测试和验证，以确保应用程序的行为和性能符合预期。

3）在发布应用程序时，需要将所有相关的配置文件和参数打包在一起，并提供给用户进行安装和配置。

第一步：定义多环境配置文件。

配置文件名需满足application-{profile}.properties（.yaml/.yml）的格式：

application-dev.yml—开发环境；

application-test.yml—测试环境；

application-prod.yml—生产环境。

第二步：指定具体运行环境。

```
#配置文件中配置spring.profies.active属性，其值对应${profile}值
spring:
  profiles:
    active: dev
```

【示例】创建了一个开发环境下使用的properties文件和一个生产环境下使用的properties文件，其中只对端口进行了配置，步骤如下：

第一步： 新建application-dev.properties文件作为开发环境配置，配置开发环境端口为8081，效果如图4-15所示。

图4-15 开发环境配置

第二步： 新建application-prod.properties作为生产环境配置，配置端口为80，效果如图4-16所示。

图4-16 生产环境配置

第三步： 如果想在两种环境下进行切换，只需要在application.properties中加入如下内容即可，效果如图4-17所示。

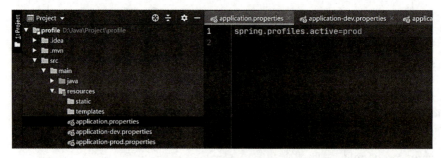

图4-17 切换环境

说明： 按照位置来读取优先级，在同一位置下profile优先级最高，如果没有指定profile，则按yml→yaml→properties的顺序读取。

1. 激活指定profile

激活指定profile可以有多种方式，在上面的案例中，在配置文件中通过spring.profiles.

active=dev 指定了激活的文件，除此之外，还可以通过命令行或者修改默认文件来激活指定profile。

1）通过命令行激活指定profile，代码如下。

java -jar configuration_file-0.0.1-SNAPSHOT.jar --spring.profiles.active=dev；

2）通过spring.config.location来改变默认的配置文件，代码如下。

java -jar configuration_file-0.0.1-SNAPSHOT.jar --spring.config.location=D:/application.properties

3）通过spring.config.name来改变默认的配置文件，代码如下。

java -jar configuration_file-0.0.1-SNAPSHOT.jar --spring.config.name=application-prod

2. @Profile注解

Spring Boot中的Profiles是一种隔离应用程序配置的方法，只在特定环境中可用。任何@Component或@Configuration都可以用@Profile标记，从而限制加载它的时机。@Profile注解是Spring Boot提供的一种用于多环境配置的注解。它可以用于标记一个类或方法，表示该类或方法只在特定的环境下运行。如果想在开发环境中使用特定的Bean、配置类或@ConfigurationProperties，可以在application.properties中设置spring.profiles.active=dev。这样，只有dev环境下才会加载这些Bean、配置类或@ConfigurationProperties。

【示例】@Profile注解多环境配置。

第一步：创建定义多环境配置文件MyConfig接口，代码如下。

```java
public interface MyConfig {
    public void config();
}
```

第二步：定义TestConfig类，用来配置测试环境，代码如下。

```java
package com.inspur.config;

import org.springframework.context.annotation.Configuration;
import org.springframework.context.annotation.Profile;
@Profile("test")
@Configuration
public class TestConfig implements MyConfig{

    @Override
    public void config() {
        System.out.println("测试环境");
    }
}
```

第三步：定义DevConfig类，用来配置运行环境，代码如下。

```java
package com.inspur.config;

import org.springframework.context.annotation.Configuration;
```

```java
import org.springframework.context.annotation.Profile;

@Profile("dev")
@Configuration
public class DevConfig implements MyConfig{
    @Override
    public void config() {
        System.out.println("开发环境");
    }
}
```

第四步：在application.yml中，指定要激活的环境，代码如下。

```yaml
spring:
  profiles:
    active: dev
```

第五步：定义创建控制类ConfigController，代码如下。

```java
package com.inspur.controller;

import com.inspur.config.MyConfig;
import org.springframework.web.bind.annotation.GetMapping;

import org.springframework.web.bind.annotation.RestController;

import javax.annotation.Resource;

@RestController
public class ConfigController {
    @Resource
    private MyConfig myConfig;

    @GetMapping("/hello")
    public String hello(){
        myConfig.config();
        return "Hello Spring Boot!";
    }
}
```

第六步：运行代码，效果如图4-18所示。

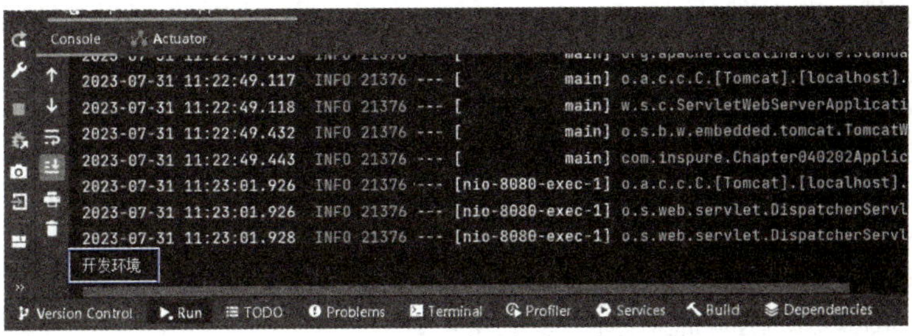

图4-18 @Profile注解多环境配置图

任务实施

在某公司智慧信息管理系统中，主要对拦截器、MyBatis、Swagger和个性化定制等进行配置，具体步骤如下。

第一步：定义CommonConfiguration类，用来进行跨域配置信息处理，代码如下。

```
package com.inspur.test.am.configuration;

import org.springframework.context.annotation.Bean;
import org.springframework.context.annotation.Configuration;
import org.springframework.web.cors.CorsConfiguration;
import org.springframework.web.cors.UrlBasedCorsConfigurationSource;
import org.springframework.web.filter.CorsFilter;

@Configuration
public class CommonConfiguration {

    private CorsConfiguration buildConfig() {
        CorsConfiguration corsConfiguration = new CorsConfiguration();
        //允许任何域名
        corsConfiguration.addAllowedOrigin("*");
        //允许任何头
        corsConfiguration.addAllowedHeader("*");
        //允许任何方法
        corsConfiguration.addAllowedMethod("*");
        return corsConfiguration;
    }

    @Bean
    public CorsFilter corsFilter() {
        UrlBasedCorsConfigurationSource source = new UrlBasedCorsConfigurationSource();
        //注册
        source.registerCorsConfiguration("/**", buildConfig());
        return new CorsFilter(source);
    }
}
```

第二步：定义MybatisConfiguration类，用来进行数据元配置与分页处理，代码如下。

```java
package com.inspur.test.am.configuration;

import com.alibaba.druid.pool.DruidDataSource;
import com.baomidou.mybatisplus.extension.plugins.PaginationInterceptor;
import com.baomidou.mybatisplus.extension.plugins.pagination.optimize.JsqlParserCountOptimize;
import org.mybatis.spring.annotation.MapperScan;
import org.springframework.boot.autoconfigure.jdbc.DataSourceProperties;
import org.springframework.context.annotation.Bean;
import org.springframework.context.annotation.Configuration;
import org.springframework.transaction.annotation.EnableTransactionManagement;

import javax.annotation.Resource;
import javax.sql.DataSource;

/**
 * 数据库配置
 */
@Configuration
@EnableTransactionManagement
@MapperScan("com.cg.test.*.mapper")
public class MybatisConfiguration {

    @Resource
    private DataSourceProperties dataSourceProperties;

    @Bean(name = "dataSource")
    public DataSource dataSource() {
        DruidDataSource dataSource = new DruidDataSource();
        dataSource.setUrl(dataSourceProperties.getUrl());
        dataSource.setDriverClassName(dataSourceProperties.getDriverClassName());
        dataSource.setUsername(dataSourceProperties.getUsername());
        dataSource.setPassword(dataSourceProperties.getPassword());
        return dataSource;
    }

    /**
     * mybatis plus 分页插件
     * @return
     */
    @Bean
```

```java
public PaginationInterceptor paginationInterceptor() {

    PaginationInterceptor paginationInterceptor = new PaginationInterceptor();
    // 设置请求的页面大于最大页后操作,true调回到首页,false继续请求   默认false
    // paginationInterceptor.setOverflow(false);
    // 设置最大单页限制数量,默认500条,-1不受限制
    // paginationInterceptor.setLimit(500);
    // 开启count的join优化,只针对部分left join
    paginationInterceptor.setCountSqlParser(new JsqlParserCountOptimize(true));
    return paginationInterceptor;
    }
}
```

第三步:定义SwaggerConfiguration类,用来进行api文档配置,代码如下。

```java
package com.inspur.test.am.configuration;

import com.github.xiaoymin.knife4j.spring.annotations.EnableKnife4j;
import org.springframework.context.annotation.Bean;
import org.springframework.context.annotation.Configuration;
import org.springframework.context.annotation.Import;
import springfox.bean.validators.configuration.BeanValidatorPluginsConfiguration;
import springfox.documentation.builders.ApiInfoBuilder;
import springfox.documentation.builders.PathSelectors;
import springfox.documentation.builders.RequestHandlerSelectors;
import springfox.documentation.service.ApiInfo;
import springfox.documentation.spi.DocumentationType;
import springfox.documentation.spring.web.plugins.Docket;
import springfox.documentation.swagger2.annotations.EnableSwagger2;

@Configuration
@EnableSwagger2
@EnableKnife4j
@Import(BeanValidatorPluginsConfiguration.class)
public class SwaggerConfiguration {

    @Bean
    public Docket createRestApi() {
        return new Docket(DocumentationType.SWAGGER_2)
                .apiInfo(apiInfo())
                .select()
                .apis(RequestHandlerSelectors.basePackage("com.cg.test.am.controller"))
                .paths(PathSelectors.any())
                .build();
```

```java
    }

    private ApiInfo apiInfo() {
        return new ApiInfoBuilder()
                .title("资产管理项目")
                .description("资产管理项目API")
                .termsOfServiceUrl("http://localhost:8097/")
                .version("1.0")
                .build();
    }

}
```

第四步：定义WebMvcConfiguration类,用来进行框架的个性化定制,代码如下。

```java
package com.inspur.test.am.configuration;

import org.springframework.beans.factory.annotation.Autowired;
import org.springframework.context.annotation.Configuration;
import org.springframework.web.servlet.config.annotation.InterceptorRegistry;
import org.springframework.web.servlet.config.annotation.WebMvcConfigurer;

@Configuration
public class WebMvcConfiguration implements WebMvcConfigurer {

    @Autowired
    private ApiInterceptor apiInterceptor;

    @Override
    public void addInterceptors(InterceptorRegistry registry) {
        registry.addInterceptor(apiInterceptor)
                .addPathPatterns("/**/**")
                .excludePathPatterns("/login/**", "/login", "/sysAsset/downloadExcel", "/sysApplicationRecord/downloadAddTemp")
                .excludePathPatterns("/doc.html","/doc.html/**", "/api-docs-ext/**", "/swagger-resources", "/swagger-ui.html/**", "/swagger-resources/configuration/ui/**", "/swagger-resources/configuration/security/**", "/service-worker.js", "/webjars/**", "/favicon.ico");

    }

}
```

项目小结

本项目通过对Spring Boot原理的讲解，使读者对Spring Boot的默认配置文件有初步了解，并能够掌握YAML的数据结构与语法，熟悉Spring Boot的自定义配置文件的方法，最后通过所学知识为之后的Spring Boot学习打好基础。

课后习题

选择题

（1）对于Spring Boot项目都需要全局配置文件，目的是用来（　　）。
  A. 修改Spring Boot自动配置的默认值　　B. 方便全局统一管理
  C. 方便全局配置的统一升级　　　　　　D. 有助于后期排查问题

（2）通常使用（　　）文件来存储应用程序的配置信息。
  A. applicable　　　　　　　　　　　　B. propitious
  C. internation　　　　　　　　　　　　D. application.properties

（3）在Spring Boot中，自动配置机制会根据应用所引入的（　　）包来自动触发实现对应功能的Bean对象的创建。
  A. starter　　　B. jar　　　C. java　　　D. moudle

（4）注入 application.properties 文件中的属性值的方式不包括（　　）。
  A. 基于@Value注解
  B. 基于Environment类
  C. 基于@Collation注解
  D. 基于@ConfigurationProperties注解与对应的属性类

（5）当YAML配置文件中配置的属性值为（　　）类型时，可以直接配置对应的属性值。
  A. 数组数据　　　　　　　　　　　　B. 字符串数据
  C. 普通数据　　　　　　　　　　　　D. 对象数据

（6）想要使用YAML作为属性配置文件，需要将SnakeYAML库添加到（　　）下。
  A. moudle　　　B. path　　　C. classpath　　　D. lib

（7）默认情况下，@PropertySource注解只支持读取（　　）格式的配置文件。
  A. yml　　　B. properties　　　C. jar　　　D. java

（8）对于传统的（　　）配置文件，在Spring Boot项目中同样可以使用@ImportResource注解进行手动加载。
  A. TEXT　　　B. SQL　　　C. JSON　　　D. XML

（9）以下（　　）的方法不能够实现多环境配置。

　　　A. 使用不同的配置文件　　　　　B. 使用不同的参数
　　　C. 使用环境变量　　　　　　　　D. 多创建几个环境

（10）Spring Boot中的（　　）是一种隔离应用程序配置的方法，只在特定环境中可用。

　　　A. Pudops　　　B. Adapt　　　C. Profiles　　　D. Louis

学习评价

通过学习本项目，看自己是否掌握了以下技能，在技能检测表中标出已掌握的技能。

评价标准	个人评价	小组评价	教师评价
（1）是否具备独立为Spring Boot的各种环境配置文件的能力			
（2）是否具备为系统自定义配置文件的能力			

注：A为能做到；B为基本能做到；C为部分能做到；D为基本做不到。

项目 5

Spring Boot 数据访问与事务

项目导言

使用原始JDBC操作数据的代码比较复杂、冗长，因此Spring专门提供了一个模板类JdbcTemplate来简化JDBC的操作。JdbcTemplate提供了execute方法、update方法和query方法等，各个方法又有多种重载或变形可以满足常用的增、删、改、查操作。而事务（Transaction）是访问数据库的一个操作序列。通过事务，数据库能将逻辑相关的一组操作绑定在一起，以便保持数据的完整性。本项目主要讲解Spring Boot的数据访问与事务等内容。

学习目标

- 了解Spring Data JDBC的概念与使用方法；
- 了解Druid的基本内容；
- 熟悉Druid的基本配置参数的使用；
- 掌握JdbcTemplate的使用场景；
- 熟悉MyBatis的优缺点以及架构组成；
- 掌握Spring Boot整合MyBatis的方法；
- 了解MyBatis-Plus的概念；
- 熟悉MyBatis-Plus中的基本配置接口BaseMapper；
- 了解JPA的概念；
- 掌握Spring Data JPA的接口使用方法；
- 了解Spring Boot的事务的概念；
- 熟悉事务的传播机制与隔离级别；
- 掌握Spring中实现事务的方式；
- 具备独立为Spring Boot整合Druid数据库连接池的能力；
- 具备独立为Spring Boot整合MyBatis-Plus的能力；
- 具备在任意场景下灵活使用Spring Data JPA接口的能力；
- 具备独立在Spring Boot中实现事务的能力；

> 具备精益求精、坚持不懈的精神；
> 具有独立解决问题的能力；
> 具备灵活的思维和处理分析问题的能力；
> 具有责任心。

智慧信息管理系统的部门管理

任务描述

MyBatis-Plus可以简化开发、提高开发效率。本任务主要使用Spring Boot与MyBatis-Plus开发智慧信息管理系统中的部门管理模块，包括部门信息显示、根据ID查询部门信息、添加部门信息、修改部门信息和删除部门信息等。

知识准备

一、MyBatis

1. MyBatis简介

MyBatis是一个开源的Java持久层框架，用于简化数据库操作和对象关系映射（ORM）的过程。它最初是作为Apache项目iBatis的一部分开发的，2010年6月转移到了谷歌公司。

在转移到谷歌公司后，原来的iBatis项目更名为MyBatis，并由谷歌开发团队进行维护和开发。MyBatis的代码库于2013年11月迁移到了GitHub，并成为一个独立的开源项目。

MyBatis的主要特点是提供了简单的API和XML配置，以及动态SQL和存储过程支持。它通过将SQL语句与Java对象进行映射，使得开发人员可以更轻松地执行数据库操作，同时提供了高度的灵活性。

MyBatis的新版本是3.5.6，它包含了各种改进的新特性，例如，更好的性能优化、更好的类型处理、更好的映射支持以及更方便的测试工具等。

总之，MyBatis是一个功能强大的Java持久层框架，可以帮助开发人员更轻松地管理数据库和对象之间的关系。MyBatis的图标如图5-1所示。

图5-1 MyBatis的图标

2. MyBatis优点

MyBatis作为一款持久层框架，确实具有许多优点。以下是MyBatis的主要优点。

1）支持存储过程：MyBatis可以与数据库存储过程进行交互，并提供了相应的配置和API来调用存储过程。这使得开发人员可以更方便地利用存储过程的功能来实现复杂的业务逻辑。

2）高级映射：MyBatis提供了灵活的映射机制，可以将数据库表字段与Java对象属性进行映射。它支持一对一、一对多和多对一等映射关系，使得开发人员可以更加关注业务逻辑而无须过多地关注数据映射细节。

3）支持XML文件或注解配置：MyBatis可以使用XML文件或注解来配置和映射原生信息。通过XML文件或注解，可以定义SQL语句、映射规则和参数等，从而简化了配置和开发的流程。

4）将接口和Java的POJO映射到数据库记录：MyBatis可以通过定义Mapper接口和对应的映射文件或注解，将接口方法与SQL语句进行映射，并将结果映射到Java对象（POJO）中。这种方式使得代码更加清晰，降低了耦合度。

5）减少JDBC代码：MyBatis提供了简洁的API和映射机制，使得开发人员无须编写大量的JDBC代码。它提供了易于使用的参数设置和结果集获取方法，使得开发人员可以更专注于业务逻辑的实现。

综上所述，MyBatis是一款功能强大且易于使用的持久层框架，它能够简化数据库操作和对象关系映射的过程，提高了开发效率和代码可维护性。

3. MyBatis架构

MyBatis的功能架构主要分为三层，如图5-2所示。

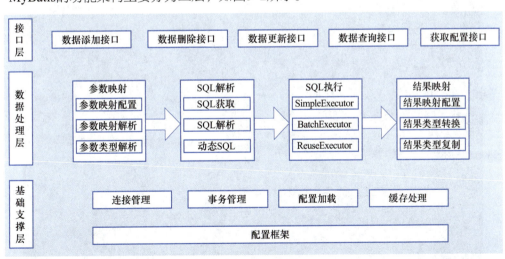

图5-2　MyBatis的功能架构

1）接口层：这一层提供了给外部使用的API，开发人员通过这些本地API来操纵数据库。当接口层接收到调用请求时，它会调用数据处理层来完成具体的数据处理。

2）数据处理层：这一层负责具体的SQL查找、SQL解析、SQL执行和执行结果映射处理等。它的主要目的是根据调用的请求完成一次数据库操作。

3）基础支撑层：这一层负责最基础的功能支撑，包括连接管理、事务管理、配置加载和缓存处理。这些都是共用的功能，将它们抽取出来作为最基础的组件，为上层的数据处理层提供最基础的支撑。

这种功能架构的设计可以让MyBatis实现更好的模块化和可维护性，同时也可以提供更好的性能和可靠性。

4．Spring Boot整合MyBatis

第一步：新建数据库mydb，并在该数据库中创建名为user的表，插入数据。表结构如图5-3所示。

名	类型	长度	小数点	不是 null	虚拟	键
id	int			☑	☐	🔑1
name	varchar	50		☐	☐	
email	varchar	50		☐	☐	
tel	varchar	11		☐	☐	

图5-3　创建表的结构

第二步：在New Project对话框中创建Spring Boot项目，在Dependencies中选择MySQL Driver和MyBatis Framework的依赖，完成项目搭建，如图5-4所示。

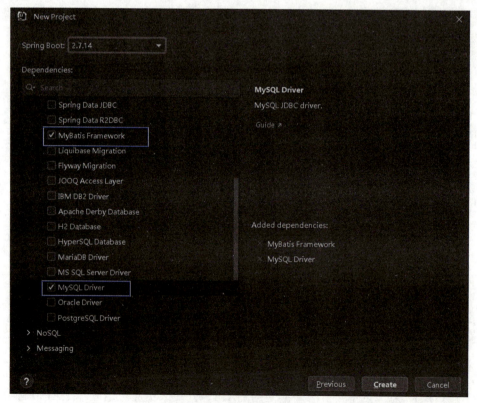

图5-4　配置Dependencies

第三步：在application.yml中配置数据库信息，代码如下。

```yaml
spring:
  datasource:
    driver-class-name: com.mysql.cj.jdbc.Driver
    username: root
    password: root
    url:jdbc:mysql://localhost:3306/mydb?useUnicode=true&characterEncoding=utf8
```

第四步：编写User实体类。创建pojo包，在pojo包中创建与user表对应的User类，代码如下。

```java
public class User {
    private Integer id;
    private String name;
    private String email;
    private String tel;
//忽略getter、setter和toString方法
}
```

第五步：整合MyBatis。

方式一：使用注解的方式整合MyBatis

Spring Boot与MyBatis整合，相比于Spring来说更加便捷，省去了大量配置文件，并且支持XML与注解两种配置方法。

1）创建Mapper接口，创建一个mapper包，在包下创建一个UserMapper接口，在接口类上添加@Mapper，在编译之后会生成相应的接口实现类，能够被Spring Boot自动扫描到Spring容器中。如果想要每个接口都变成实现类，可以在Spring Boot启动类上添加@MapperScan("xxx")注解，这样就不需要对每个接口都添加上@Mapper注解。在接口的内部添加@Insert、@Delete、@Update和@Select注解完成增、删、改、查操作，代码如下。

```java
package com.example.springboot.mybatis;
import org.apache.ibatis.annotations.Insert;
import org.apache.ibatis.annotations.Mapper;
import org.apache.ibatis.annotations.Select;
@Mapper
public interface UserMapper {
    @Insert("insert into user(id,name,email,tel) values (#{id},#{name},{email},{tel})")
    public int insertUser(User user);
    @Select("select * from user where id=#{id}")
    public User finduserById(Integer id);
}
```

2）编写单元测试，使用SpringbootMybatisApplicationTests测试类，通过@Autowired注解将UserMapper接口装配成Bean，代码如下。

```java
package com.example.springboot.mybatis;

import org.junit.jupiter.api.Test;
```

```
import org.junit.runner.RunWith;
import org.springframework.beans.factory.annotation.Autowired;
import org.springframework.boot.test.context.SpringBootTest;
import org.springframework.test.context.junit4.SpringRunner;

@RunWith(SpringRunner.class)
@SpringBootTest
class SpringbootMybatisApplicationTests {

    @Autowired
    private UserMapper userMapper;
    @Test
    public void selectByID(){
        System.out.println(userMapper.finduserById(1));
    }

}
```

3）选中所需测试方法，单击鼠标右键，在弹出的快捷菜单中选择"Run selecctByID()"命令启动测试方法，控制台会显示如图5-5所示的信息。

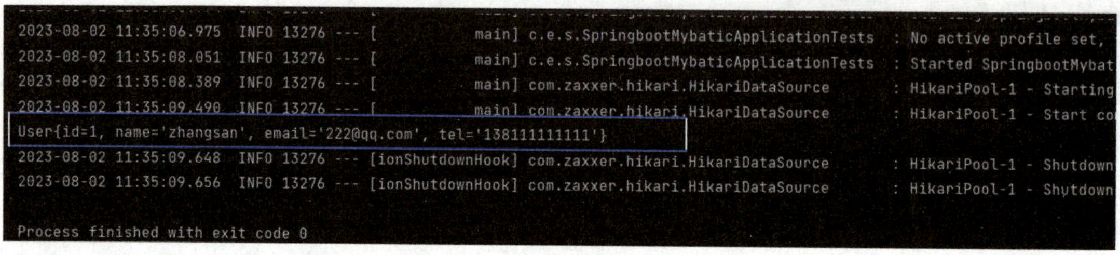

图5-5 测试整合图

方式二：使用配置文件的方式整合MyBatis

1）创建一个Mapper接口文件，在mapper包下创建一个名为ConsumerMapper的接口文件，创建一个查询方法和一个添加方法，代码如下。

```
import org.apache.ibatis.annotations.Mapper;
@Mapper
public interface ConsumerMapper {
    int insertUser(User user);
    User finduserById(Integer id);
}
```

2）创建XML映射文件。在resources目录下，创建一个名为mapper的包，在该包下创建一个名字与ConsumerMapper接口相同的XML文件。namespace关键字在XML里为命名空间，通常是一个统一资源标识符（URI）的名字。而URI只当名字用，主要目的是避免名字冲突，在该XML文件中使用接口文件的全路径名称，编写两个方法所对应的SQL语句，在配置数据类型映射时，在代码中使用类的全路径。ConsumerMapper.xml的代码如下。

```xml
<?xml version="1.0" encoding="UTF-8"?>
<!DOCTYPE mapper
        PUBLIC "-//mybatis.org//DTD Mapper 3.0//EN"
        "http://mybatis.org/dtd/mybatis-3-mapper.dtd">
<mapper namespace="com.inspur.demo2.mapper.ConsumerMapper">
    <insert id="insertUser" parameterType="com.inspur.demo2.pojo.User">
        insert into user
        values (#{id},#{name},{password});
    </insert>
    <select id="findUserById" resultType="com.inspur.demo2.pojo.user">
        select * from user where id=#{id}
    </select>
</mapper>
```

3）配置XML映射文件的路径。需要在application.yml全局配置文件中添加XML映射文件的路径，在配置数据类型映射时使用了类的别名，需要配置XML映射文件中实体类的别名，代码如下。

```yaml
#配置XML映射文件的路径
mybatis:
    mapper-locations: classpath:mappers/*xml
#配置XML映射文件中实体类的别名
    type-aliases-package: com.inspur.demo2.pojo.user
```

4）编写单元测试，在测试类中引入ConsumerMapper接口，对方法进行测试，代码如下。

```java
@Autowired
private ConsumerMapper consumerMapper;

@Test
public void selectByID1(){
System.out.println(consumerMapper.finduserById(1));
}
```

5）选中所需测试方法，单击鼠标右键，在弹出的快捷菜单中选择"Run finduserById()"命令启动测试方法，控制台会显示如图5-6所示的信息。

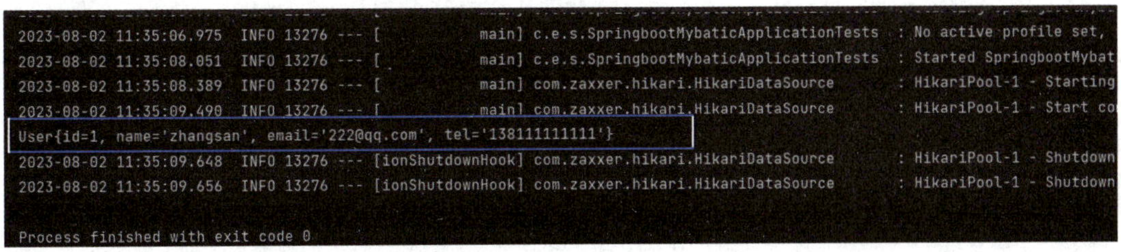

图5-6 测试图

二、MyBatis-Plus

1. MyBatis-Plus简介

MyBatis-Plus是在MyBatis基础上进行增强开发的工具，旨在简化开发过程并提供更好的性能。它具有以下特点：

1）提供无SQL的CRUD操作：MyBatis-Plus提供了一种基于对象模型的方式来进行数据库操作，无须编写SQL语句。这降低了开发人员的SQL编写压力，并提高了代码的可读性和可维护性。

2）内置代码生成器：MyBatis-Plus内置了一个代码生成器，可以根据数据库表结构自动生成实体类和Mapper接口的代码。这大大简化了开发过程，并减少了开发人员的工作量。

3）性能分析插件：MyBatis-Plus还提供了一个性能分析插件，可以帮助开发人员分析查询性能，并优化查询效率。

4）丰富的条件构造器：MyBatis-Plus提供了一个功能强大的条件构造器，可以帮助开发人员快速地构建复杂的查询条件。

5）支持高级查询：MyBatis-Plus支持列投影、排序和分组等高级查询操作，可以帮助开发人员更灵活地处理数据。

除了以上功能，MyBatis-Plus还提供了一些其他增强特性，例如，性能分析插件、全局配置和多数据源支持等，可以根据具体需求进行配置和使用。总的来说，MyBatis-Plus是一个强大而灵活的MyBatis增强工具，可以帮助开发人员更高效地进行数据库开发。

在MyBatis-Plus中，基本配置主要包括以下几个方面：

1）数据源配置：在配置文件中配置数据库连接信息，包括数据库驱动、URL、用户名和密码等。可以使用MyBatis-Plus提供的DataSourceConfig类进行配置，也可以直接在配置文件中配置。

2）MyBatis配置：可以通过MyBatis-Plus提供的MybatisConfiguration类进行配置，包括是否开启驼峰命名规则、是否开启自动填充等。

3）Mapper接口扫描：配置MyBatis-Plus扫描Mapper接口的包路径，使其能够自动扫描并注册到Spring容器中。可以使用MyBatis-Plus提供的MapperScan注解进行配置，也可以在配置文件中配置。

4）分页插件配置：MyBatis-Plus提供了一个分页插件，可以方便地进行分页查询。可以通过配置文件或者代码方式进行配置，例如，设置分页插件的方言、是否进行count查询等。

5）逻辑删除配置：MyBatis-Plus支持逻辑删除功能，可以通过配置逻辑删除的字段和逻辑删除的值来开启逻辑删除。可以使用MyBatis-Plus提供的注解@TableLogic进行配置。

6）自动填充配置：MyBatis-Plus支持自动填充功能，可以在插入或更新数据时自动填充某些字段的值。可以使用MyBatis-Plus提供的注解@TableField和自定义的MetaObjectHandler类进行配置。

以上是MyBatis-Plus的一些基本配置，可以根据具体需求进行配置。配置完成后，就可以使用MyBatis-Plus提供的各种便捷的数据库操作方法，简化开发工作。

2. MyBatis-Plus中的基本配置接口BaseMapper

MyBatis-Plus中的BaseMapper是一个基本的Mapper接口，它包含了基本的CRUD操作方法，提供了一些常用的数据库操作方法。它是一个泛型接口，可以根据实体类的类型进行操作。BaseMapper接口的主要方法见表5-1。

表5-1　BaseMapper接口的主要方法

方法	描述
insert	插入一条记录
deleteById	根据ID删除一条记录
selectById	根据ID查询一条记录
selectList	查询多条记录
selectPage	分页查询记录
selectCount	查询记录总数
updateById	更新一条记录
selectBatchIds	根据ID列表查询记录

这些方法提供了常见的增、删、改、查操作，被其他Mapper接口继承后可以直接使用这些方法而无须重新编写相同的代码。

要使用BaseMapper接口，需要先定义一个继承它的接口，并指定泛型类型为对应的实体类，代码如下。

```java
public interface UserMapper extends BaseMapper<User> {
    // 自定义的方法
    // ...
}
```

然后，可以在Service层中注入UserMapper，并调用其中的方法进行数据库操作，代码如下。

```java
@Service
public class UserService {
    @Autowired
    private UserMapper userMapper;
    public void addUser(User user) {
        userMapper.insert(user);
    }
    public void updateUser(User user) {
        userMapper.updateById(user);
    }
    public void deleteUserById(Long id) {
        userMapper.deleteById(id);
    }
    public User getUserById(Long id) {
```

```
        return userMapper.selectById(id);
    }
    // 其他自定义的方法
    // ...
}
```

通过使用BaseMapper，可以简化数据库操作的代码，提高开发效率。同时，MyBatis-Plus还提供了更多的高级功能，例如，条件构造器、分页插件等，可以进一步简化和优化数据库操作。

3. 整合MyBatis-Plus

在使用Spring Boot时，整合MyBatis-Plus的步骤如下。

第一步：创建一个普通的Spring Boot项目，创建完成后，在pom.xml中引入MyBatis-Plus依赖，代码如下。

```xml
<!-- MyBatis-Plus依赖 -->
<dependency>
    <groupId>com.baomidou</groupId>
    <artifactId>mybatis-plus-boot-starter</artifactId>
    <version>3.3.2</version>
</dependency>
```

第二步：application.yml配置，代码如下。

```yaml
spring:
    datasource:
        driver-class-name: com.mysql.cj.jdbc.Driver
        username: root
        password: root
        url: jdbc:mysql://localhost:3306/mydb?useUnicode=true&characterEncoding=utf8
```

第三步：创建一个继承自BaseMapper接口的Mapper接口，代码如下。

```java
import com.baomidou.mybatisplus.core.mapper.BaseMapper;
import org.apache.ibatis.annotations.Mapper;
import org.springframework.stereotype.Repository;
@Repository
@Mapper
public interface UserMapper extends BaseMapper<User>{
}
```

第四步：在自定义接口中定义一个根据id查询用户信息的方法，代码如下。

```java
@Repository
@Mapper
public interface UserMapper extends BaseMapper<User> {
    boolean selectById(int id);
}
```

第五步：编写测试类，进行整合后的测试，代码如下。

```
import com.example.springbootmybatic.mapper.ConsumerMapper;
import org.junit.jupiter.api.Test;
import org.junit.runner.RunWith;
import org.springframework.beans.factory.annotation.Autowired;
import org.springframework.boot.test.context.SpringBootTest;
import org.springframework.test.context.junit4.SpringRunner;
@RunWith(SpringRunner.class)
@SpringBootTest
class SpringbootMybaticApplicationTests {
    @Autowired
    private UserMapper userMapper;
    @Test
    public void selectByID(){
        System.out.println(userMapper.selectById(1));
    }
}
```

测试结果如图5-7所示。

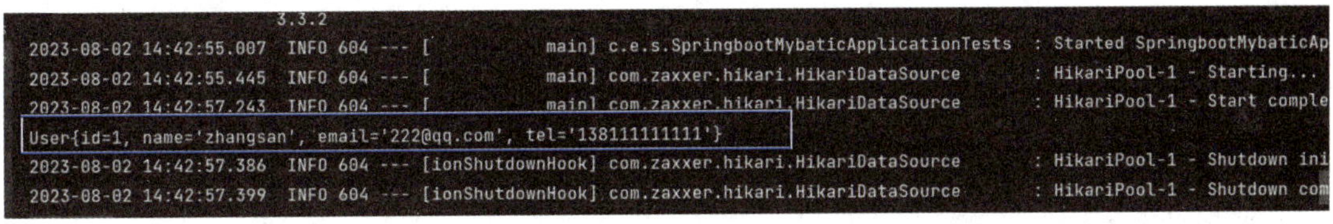

图5-7　测试结果

任务实施

本任务主要使用Spring Boot整合MyBatis-Plus技术对智慧信息管理系统中的部门管理模块进行增加、修改、删除和查询，具体步骤如下。

第一步：在pom.xml文件中添加配置数据库、MyBatis-Plus、Druid和JDBC等依赖模块，代码如下。

```xml
<dependency>
            <groupId>com.baomidou</groupId>
            <artifactId>mybatis-plus-boot-starter</artifactId>
            <version>3.3.2</version>
</dependency>
<dependency>
            <groupId>org.springframework.boot</groupId>
            <artifactId>spring-boot-starter-jdbc</artifactId>
</dependency>
<dependency>
```

```xml
            <groupId>mysql</groupId>
            <artifactId>mysql-connector-java</artifactId>
            <scope>runtime</scope>
</dependency>
<dependency>
            <groupId>org.projectlombok</groupId>
            <artifactId>lombok</artifactId>
            <optional>true</optional>
</dependency>
<dependency>
            <groupId>com.alibaba</groupId>
            <artifactId>druid-spring-boot-starter</artifactId>
            <version>1.1.9</version>
</dependency>
```

第二步：创建实体类Sys_Department，代码如下。

```java
package cn.inspur.entity;

import com.baomidou.mybatisplus.annotation.TableName;
import lombok.Data;

@Data
@TableName("sys_department")// 映射
public class Sys_Department {
    private int id;
    private int pid;//上级部门
    private String name;//部门名称
    private String description;//描述
    private long create_time;//创建时间
    private String create_by;//创建人
    private long update_time;//修改时间
    private String update_by;//修改人
    private int del_flag;//是否删除
    private String sub_ids;//所有子部门id

    public Sys_Department(){
    }
    public int getId() {
        return id;
    }
    public void setId(int id) {
        this.id = id;
    }
```

```java
public int getPid() {
    return pid;
}
public void setPid(int pid) {
    this.pid = pid;
}
public String getName() {
    return name;
}
public void setName(String name) {
    this.name = name;
}
public String getDescription() {
    return description;
}
public void setDescription(String description) {
    this.description = description;
}
public long getCreate_time() {
    return create_time;
}
public void setCreate_time(long create_time) {
    this.create_time = create_time;
}
public String getCreate_by() {
    return create_by;
}
public void setCreate_by(String create_by) {
    this.create_by = create_by;
}
public long getUpdate_time() {
    return update_time;
}
public void setUpdate_time(long update_time) {
    this.update_time = update_time;
}
public String getUpdate_by() {
    return update_by;
}
public void setUpdate_by(String update_by) {
    this.update_by = update_by;
}
public int getDel_flag() {
```

```java
            return del_flag;
    }
    public void setDel_flag(int del_flag) {
        this.del_flag = del_flag;
    }
    public String getSub_ids() {
        return sub_ids;
    }
    public void setSub_ids(String sub_ids) {
        this.sub_ids = sub_ids;
    }

    @Override
    public String toString() {
        return "Sys_Department{" +
                "id=" + id +
                ", pid=" + pid +
                ", name='" + name + '\"' +
                ", description='" + description + '\"' +
                ", create_time=" + create_time +
                ", create_by='" + create_by + '\"' +
                ", update_time=" + update_time +
                ", update_by='" + update_by + '\"' +
                ", del_flag=" + del_flag +
                ", sub_ids='" + sub_ids + '\"' +
                '}';
    }
}
```

第三步：创建mapper层接口Sys_DepartmentMapper，代码如下。

```java
package com.inspur.mapper;

import com.inspur.entity.Sys_Department;
import com.baomidou.mybatisplus.core.mapper.BaseMapper;
import org.apache.ibatis.annotations.Mapper;
import org.springframework.stereotype.Repository;

@Repository
@Mapper
public interface Sys_DepartmentMapper extends BaseMapper<Sys_Department> {
}
```

第四步：创建MyBatis-Plus配置类，代码如下。

```java
package com.inspur.config;

import com.baomidou.mybatisplus.extension.plugins.PaginationInterceptor;
import org.springframework.boot.autoconfigure.condition.ConditionalOnClass;
import org.springframework.context.annotation.Bean;
import org.springframework.context.annotation.Configuration;

@Configuration
@ConditionalOnClass(value = {PaginationInterceptor.class})
public class MybatisPlusConfig {
    @Bean
    public PaginationInterceptor paginationInterceptor() {
        PaginationInterceptor paginationInterceptor = new PaginationInterceptor();
        return paginationInterceptor;
    }
}
```

第五步：创建服务层接口Sys_DepartmentService，代码如下。

```java
package com.inspur.service;

import cn.js.inspur.entity.Sys_Department;
import cn.js.inspur.entity.Sys_DepartmentVo;

import java.util.List;
public interface Sys_DepartmentService {
    public List<Sys_Department> getAllSys_Departments();
    public Sys_Department getSys_DepartmentById(Integer id);
    public boolean insertSys_Department(Sys_Department sys_department);
    public boolean deleteSys_DepartmentById(Integer id);
    public boolean updateSys_Department(Sys_Department sys_department);
    public Sys_DepartmentVo queryList(Integer current, Integer size);
}
```

第六步：创建Service实现类Sys_DepartmentServiceImpl，代码如下。

```java
package com.inspur.service.impl;

import com.inspur.entity.Sys_Department;
import com.inspur.mapper.Sys_DepartmentMapper;
import com.baomidou.mybatisplus.core.metadata.IPage;
import com.baomidou.mybatisplus.extension.plugins.pagination.Page;
import com.inspur.entity.Sys_DepartmentVo;
import org.springframework.beans.factory.annotation.Autowired;
import org.springframework.stereotype.Service;
import java.util.List;
```

```java
@Service
public class Sys_DepartmentServiceImpl implements Sys_DepartmentService {

    @Autowired
    private Sys_DepartmentMapper sys_departmentMapper;

    public List<Sys_Department> getAllSys_Departments(){
        List<Sys_Department> sys_departments=sys_departmentMapper.selectList(null);
        System.out.println(sys_departments);
        return sys_departments;
    }

    @Override
    public Sys_Department getSys_DepartmentById(Integer id) {
        return sys_departmentMapper.selectById(id);
    }

    @Override
    public boolean insertSys_Department(Sys_Department sys_department) {
        return sys_departmentMapper.insert(sys_department)>0?true:false;
    }

    @Override
    public boolean deleteSys_DepartmentById(Integer id) {
        return sys_departmentMapper.deleteById(id)>0?true:false;
    }

    @Override
    public boolean updateSys_Department(Sys_Department sys_department) {
        return sys_departmentMapper.updateById(sys_department)>0?true:false;
    }

    @Override
    public Sys_DepartmentVo queryList(Integer current, Integer size) {
        Sys_DepartmentVo sys_departmentVo = new Sys_DepartmentVo();
        IPage<Sys_Department> page = new Page<>(current, size);
        sys_departmentMapper.selectPage(page, null);
        sys_departmentVo.setCurrent(current);
        sys_departmentVo.setSize(size);
        sys_departmentVo.setTotal(page.getTotal());
        sys_departmentVo.setSys_departmentList(page.getRecords());
        return sys_departmentVo;
    }

}
```

第七步：创建控制类Sys_DepartmentController，代码如下。

```java
package com.inspur.controller;

import com.inspur.entity.Sys_Department;
import com.inspur.entity.Sys_DepartmentVo;
import com.inspur.service.Sys_DepartmentService;
import org.springframework.beans.factory.annotation.Autowired;
import org.springframework.web.bind.annotation.GetMapping;
import org.springframework.web.bind.annotation.PathVariable;
import org.springframework.web.bind.annotation.RestController;

import java.util.Date;

@RestController
public class Sys_DepartmentController {

    @Autowired
    private Sys_DepartmentService sysDepartmentService;

    @GetMapping("/getAllSys_Departments")
    public String getAllSysDepartments(){
        return sysDepartmentService.getAllSys_Departments().toString();
    }


    @GetMapping("/getSys_DepartmentById/{id}")
    public Sys_Department getSys_DepartmentById(@PathVariable Integer id){
        return sysDepartmentService.getSys_DepartmentById(id);
    }



    @GetMapping("/insertSys_Department")
    public String insertSys_Department(){
        Sys_Department sys_department=new Sys_Department();
        sys_department.setName("企划营销部-05");
        sys_department.setPid(15);
        sys_department.setDescription("企划营销部-05");
        sys_department.setCreate_time((new Date()).getTime());
        sys_department.setCreate_by(Integer.toString(3));
        sys_department.setUpdate_time((new Date()).getTime());
        sys_department.setUpdate_by(null);
        sys_department.setDel_flag(0);
```

```java
        sys_department.setSub_ids(null);

        boolean result=sysDepartmentService.insertSys_Department(sys_department);
        if(result){
            return "添加部门成功！";
        }else{
            return "添加部门失败！";
        }

}

@GetMapping("/deleteSys_DepartmentById/{id}")
public String deleteSys_DepartmentById(@PathVariable Integer id){
        boolean result=sysDepartmentService.deleteSys_DepartmentById(id);
        if(result){
            return "删除部门成功！";
        }else{
            return "删除部门失败！";
        }
}


@GetMapping("/updateSys_Department")
public String updateSys_Department(){


        Sys_Department sys_department=new Sys_Department();
        sys_department.setId(12);
        sys_department.setPid(15);
        sys_department.setDescription("企划销售部-031");
        sys_department.setCreate_time((new Date()).getTime());
        sys_department.setCreate_by(Integer.toString(3));
        sys_department.setUpdate_time((new Date()).getTime());
        sys_department.setUpdate_by(null);
        sys_department.setDel_flag(1);
        sys_department.setSub_ids(null);

        boolean result=sysDepartmentService.updateSys_Department(sys_department);
        if(result){
            return "修改部门成功！";
        }else {
            return "修改部门失败！";
        }
}
```

```
@GetMapping("/querySys_Department/{current}/{size}")
public Sys_DepartmentVo queryList(@PathVariable Integer current, @PathVariable Integer size) {
    return sysDepartmentService.queryList(current,size);
}

}
```

第八步：运行代码，输入http://localhost:8080/insertSys_Department网址进行部门添加（此处只演示部门的添加），输出"添加部门成功！"效果如图5-8所示。

图5-8 输出"添加部门成功！"效果

在控制台中可以看到添加部门的相关信息，效果如图5-9所示。

图5-9 添加部门控制台相关信息

智慧信息管理系统的角色管理

任务描述

Spring Boot中使用数据库连接池可以有效提升数据库访问性能，实现连接复用和资源共享。JdbcTemplate框架封装了数据库常见的核心操作，可减少大量的冗余代码，由JdbcTemplate框架自动处理，只关注业务逻辑即可。本任务主要是引入JDBC等依赖，编写智慧信息管理系统中的角色管理代码。

知识准备

一、Spring Data JDBC

Spring Data JDBC是Spring Data提供的一个基于JDBC的数据访问框架，它简化了数据访问层的开发，使开发者可以更加专注于业务逻辑的实现。Spring Data JDBC提供了一些通用的CRUD操作，例如，save、delete和findById等，以及一些高级特性，例如，分页、排序和聚合查询等。此外，Spring Data JDBC还支持自定义SQL语句和存储过程。

要在Spring Boot应用程序中使用Spring Data JDBC需添加依赖关系启动器，步骤如下。

第一步： 新建Spring初始化项目，在添加依赖过程中勾选“Spring Data JDBC”和“数据库驱动程序（MySQL Driver）”的依赖项，单击“Create”按钮，效果如图5-10所示。

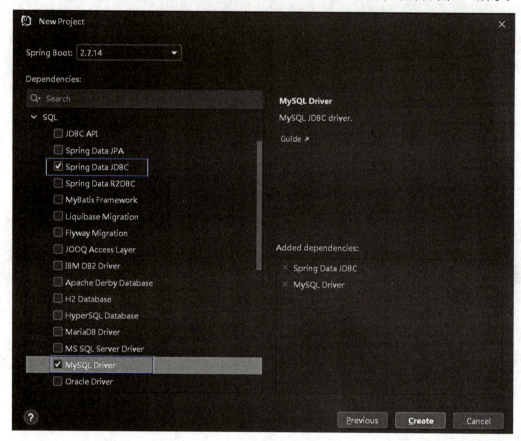

图5-10　新建Spring初始化项目

创建项目完成之后，打开pom.xml文件，会发现里面添加了Spring Data JDBC和数据库驱动程序的依赖项，效果如图5-11所示。

```
<dependencies>
    <dependency>
        <groupId>org.springframework.boot</groupId>
        <artifactId>spring-boot-starter-data-jdbc</artifactId>
    </dependency>

    <dependency>
        <groupId>com.mysql</groupId>
        <artifactId>mysql-connector-j</artifactId>
        <scope>runtime</scope>
    </dependency>
```

图5-11　打开pom.xml文件

第二步：在application.yml文件中配置数据库连接信息，代码如下。

```yaml
spring:
  datasource:
    url: jdbc:mysql://localhost:3306/mydb?useSSL=false&serverTimezone=UTC
    username: root
    password: 123456
    driver-class-name: com.mysql.cj.jdbc.Driver
```

第三步：创建一个测试类，用来查看数据库连接情况，代码如下。

```java
package com.inspur;
import org.junit.jupiter.api.Test;
import org.springframework.beans.factory.annotation.Autowired;
import org.springframework.boot.test.context.SpringBootTest;
import javax.sql.DataSource;
import java.sql.Connection;
import java.sql.SQLException;
@SpringBootTest
class Chapter0501ApplicationTests {
    @Autowired
    DataSource dataSource;
    @Test
    void contextLoads() throws SQLException {
        //默认使用的数据源
        System.out.println("数据源： " + dataSource.getClass());
        Connection connection = dataSource.getConnection();
        System.out.println("connection:" + connection);
    }
}
```

运行代码，查看数据源，效果如图5-12所示。

```
数据源：class com.zaxxer.hikari.HikariDataSource
connection:HikariProxyConnection@1147411820 wrapping com.mysql.cj.jdbc.ConnectionImpl@1ae924f1
```

图5-12 查看数据源

二、Druid概述

1. Druid简介

Druid最初是阿里巴巴开源平台上的一个数据库连接池实现，它结合了C3P0、DBCP和PROXOOL等DB池的优点，并加入了日志监控等功能，以更好地监控DB池连接和SQL的执行情况。除此之外，Druid还具有防SQL注入等安全特性，以及内置的Loging功能，能够帮助诊断Hack应用行为。这些特性使得Druid成为一款功能强大、性能优越的数据处理系统，在大数据领域得到了广泛的应用。

Druid是一个分布式的、支持实时多维OLAP分析的数据处理系统，它的特点包括：

1）列式存储格式，Druid使用面向列的存储，这意味着，它只需要加载特定查询所需要的列。这样只查看几列的查询速度得到了巨大的提升。此外，每列都针对其特定的数据类型进行优化，支持快速扫描和聚合。

2）可扩展分布式系统，Druid通常部署在大数集群中，水平扩展能力强。

3）大规模并行处理，Druid可以在整个集群中并行处理查询。

4）实时或批量摄取，Druid可以实时（已经被摄取的数据可立即用于查询）或批量摄取数据。

5）自修复、自平衡和易于操作。

2. Druid基本配置参数

com.alibaba.druid.pool.DruidDataSource基本配置参数见表5-2。

表5-2　Druid基本配置参数

配置	说明
name	配置该属性的意义在于，如果存在多个数据源，监控的时候可以通过名字来区分开。如果没有配置，将会生成一个名字，格式："DataSource-"+System.identityHashCode(this)，另外配置此属性至少在1.0.5版本中不起作用，强行设置name会出错
url	连接数据库的url，例如，mysql:jdbc:mysql://127.0.0.1:3306/mysqlDB；oracle:jdbc:oracle:thin:@127.0.0.1:1521:oracleDB
username	连接数据库的用户名
password	连接数据库的密码。如果不希望密码直接写在配置文件中，可以使用ConfigFilter
driverClassName	这一项可配可不配，如果不配置Druid会根据url自动识别dbType，然后选择相应的driverClassName
initialSize	初始化时建立物理连接的个数。初始化发生在显示调用init方法，或者第一次getConnection时
maxActive	最大连接池数量，默认值为8
maxIdle	已经不再使用，配置了也没效果
minIdle	最小连接池数量
maxWait	获取连接时最大等待时间，单位ms。配置了maxWait之后，默认启用公平锁，并发效率会有所下降，如果需要可以通过配置useUnfairLock属性为true使用非公平锁
poolPreparedStatements	是否缓存preparedStatement，也就是PSCache。PSCache对支持游标的数据库性能提升巨大，例如，oracle。在MySQL下建议关闭，默认值为"false"
maxOpenPreparedStatements	要启用PSCache，必须配置大于0，当大于0时，poolPreparedStatements自动触发修改为true。在Druid中，不会存在Oracle下PSCache占用内存过多的问题，可以把这个数值配置大一些，例如，100，默认值为–1
validationQuery	用来检测连接是否有效的sql，要求是一个查询语句。如果validationQuery为null，testOnBorrow、testOnReturn和testWhileIdle都不会起作用
validationQueryTimeout	单位：s，检测连接是否有效的超时时间。底层调用jdbc Statement对象的void setQueryTimeout(int seconds)方法
testOnBorrow	申请连接时执行validationQuery检测连接是否有效，做了这个配置会降低性能，默认值为true

（续）

配置	说明
testOnReturn	归还连接时执行validationQuery检测连接是否有效，做了这个配置会降低性能，默认值为false
testWhileIdle	建议配置为true，不影响性能，并且保证安全性。申请连接的时候检测，如果空闲时间大于timeBetweenEvictionRunsMillis，执行validationQuery检测连接是否有效，默认值为false
timeBetweenEvictionRunsMillis	有两个含义：1. Destroy线程会检测连接的间隔时间，如果连接空闲时间大于等于minEvictableIdleTimeMillis则关闭物理连接；2. testWhileIdle的判断依据，详细看testWhileIdle属性的说明
numTestsPerEvictionRun	不再使用，一个DruidDataSource只支持一个EvictionRun
minEvictableIdleTimeMillis	连接保持空闲而不被驱逐的最长时间，默认值为30分钟
connectionInitSqls	物理连接初始化的时候执行的sql
exceptionSorter	当数据库抛出一些不可恢复的异常时，抛弃连接
filters	属性类型是字符串，通过别名的方式配置扩展插件，常用的插件有：监控统计用的filter:stat日志用的filter:log4j防御sql注入的filter:wall
proxyFilters	类型是List<com.alibaba.druid.filter.Filter>，如果同时配置了filters和proxyFilters，是组合关系，并非替换关系

3. Spring Boot整合Druid数据库连接池

第一步：在"New Module"对话框中，新建Spring初始化项目，在添加模块过程中，在"Dependencies"中勾选"MyBatis Framework"复选框和数据库驱动程序的依赖项，单击"Create"按钮，效果如图5-13所示。

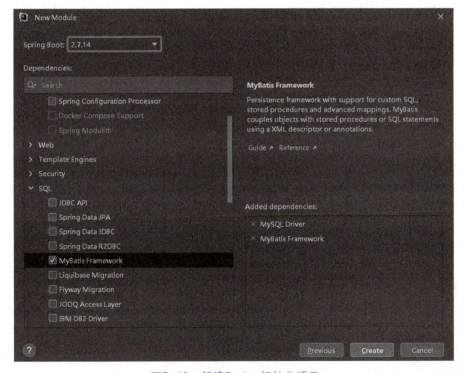

图5-13 新建Spring初始化项目

第二步：打开Maven主依赖网页，找到Druid Spring Boot Starter相关依赖，并在pom.xml文件中添加，代码如下。

```xml
<dependency>
    <groupId>com.alibaba</groupId>
    <artifactId>druid-spring-boot-starter</artifactId>
    <version>1.2.6</version>
</dependency>
```

第三步：在application.properties文件中配置Druid，代码如下。

```
spring.datasource.druid.url=jdbc:mysql://localhost:3306/mydb?useUnicode=true&characterEncoding=utf8
spring.datasource.druid.username=root
spring.datasource.druid.password=root
spring.datasource.druid.driver-class-name=com.mysql.cj.jdbc.Driver

# 初始化时建立物理连接的个数
spring.datasource.druid.initial-size=5
# 最大连接池数量
spring.datasource.druid.max-active=30
# 最小连接池数量
spring.datasource.druid.min-idle=5
# 获取连接时最大等待时间，单位ms
spring.datasource.druid.max-wait=60000
spring.datasource.druid.time-between-eviction-runs-millis=60000
spring.datasource.druid.min-evictable-idle-time-millis=300000
spring.datasource.druid.validation-query=SELECT 1 FROM DUAL
spring.datasource.druid.test-while-idle=true

spring.datasource.druid.test-on-borrow=false
spring.datasource.druid.test-on-return=false
spring.datasource.druid.pool-prepared-statements=true
spring.datasource.druid.max-pool-prepared-statement-per-connection-size=50
spring.datasource.druid.filters=stat,wall
spring.datasource.druid.connection-properties=druid.stat.mergeSql=true;druid.stat.slowSqlMillis=500
spring.datasource.druid.use-global-data-source-stat=true

spring.datasource.druid.stat-view-servlet.login-username=root
spring.datasource.druid.stat-view-servlet.login-password=root
spring.datasource.druid.web-stat-filter.exclusions=*.js,*.gif,*.jpg,*.png,*.css,*.ico,/druid/*
```

第四步：启动Spring Boot项目，访问Druid的监控页，首先出现的是登录界面，如图5-14所示。

图5-14 启动Spring Boot项目

输入账号密码，可以查看Druid的监控页，如图5-15所示。

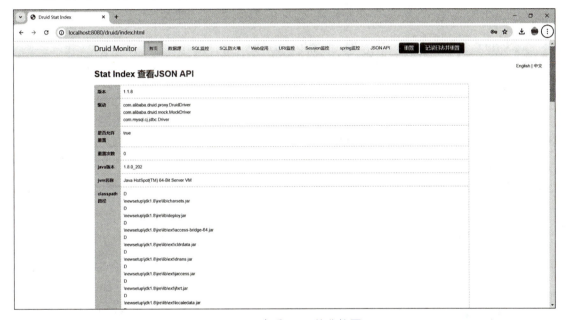

图5-15 查看Druid的监控页

三、JdbcTemplate

JdbcTemplate是Spring框架自带的对JDBC操作的封装，目的是提供统一的模板方法使对数据库的操作更加方便、友好，效率也不错。它封装了对资源的创建和释放，可以帮用户避免忘记关闭连接等常见错误。它也包含了核心JDBC工作流的一些基础工作，例如，执行和声明语句，把SQL语句的生成以及查询结果的提取工作留给应用代码。JdbcTemplate执行查询、更新SQL语句和调用存储过程，运行结果集迭代和抽取返回参数值。它也可以捕获JDBC异常并把它们转换成更加通用、解释性更强的异常层次结构，这些异常都定义在org.springframework.dao包里面。

JdbcTemplate的主要功能包括：

1）异常处理：JdbcTemplate处理了所有的JDBC异常，避免了开发者在代码中处理异常的烦琐工作。

2）连接管理：JdbcTemplate负责管理数据库连接，包括连接的获取、关闭和缓存等操作。

3）SQL执行：JdbcTemplate提供了一系列执行SQL语句的方法，例如，execute、update和query等。

4）参数处理：JdbcTemplate可以自动处理参数，避免了手动转换数据类型和防止SQL注入的风险。

5）结果集处理：JdbcTemplate可以自动处理结果集，简化了对结果集的处理过程。

6）事务管理：JdbcTemplate支持事务管理，可以轻松地实现事务的开启、提交和回滚操作。

7）使用JdbcTemplate可以大大简化数据库操作的代码，同时提高了代码的可读性和可维护性。通过JdbcTemplate，开发者可以更加专注于业务逻辑的实现，而不必过多地关注底层的细节。

在Spring的JdbcTemplate中，可以使用以下方法来执行SQL语句：

1）update()方法：用于执行INSERT、UPDATE、DELETE或SQL语句，并返回受影响的行数，代码如下。

```
int result = jdbcTemplate.update("UPDATE users SET name = ? WHERE id = ?", name, id);
```

2）execute()方法：用于执行SQL语句，并返回一个布尔值，表示SQL语句是否被执行成功，代码如下。

```
boolean result = jdbcTemplate.execute("INSERT INTO users(name, id) VALUES(?, ?)", new Object[]{ name, id });
```

queryForObject()方法：用于执行SELECT语句，并返回一个单行结果集，代码如下。

```
String name = jdbcTemplate.queryForObject("SELECT name FROM users WHERE id = ?", new Object[]{ id });
```

query()方法：用于执行SELECT语句，并返回一个结果集，代码如下。

```
List<User> users = jdbcTemplate.query("SELECT * FROM users", new UserRowMapper());
```

其中，UserRowMapper是一个实现了org.springframework.jdbc.core.RowMapper接口的类，用于将结果集中的每行数据映射为一个User对象。

【示例】使用Spring Boot整合JdbcTemplate，完成客户信息的管理。

第一步：创建Spring Boot项目，在pom.xml中引入配置，代码如下。

```xml
<!-- JdbcTemplate -->
<dependency>
    <groupId>org.springframework.boot</groupId>
    <artifactId>spring-boot-starter-jdbc</artifactId>
</dependency>
<dependency>
    <groupId>mysql</groupId>
    <artifactId>mysql-connector-java</artifactId>
    <scope>runtime</scope>
</scope>
```

```xml
    </dependency>
    <dependency>
        <groupId>com.alibaba</groupId>
        <artifactId>druid-spring-boot-starter</artifactId>
        <version>1.1.9</version>
    </dependency>
```

第二步：在application.properties中配置数据源信息，代码如下。

```
spring.datasource.druid.url=jdbc:mysql://localhost:3306/mydb
spring.datasource.druid.username=root
spring.datasource.druid.password=root
spring.datasource.druid.driver-class-name=com.mysql.cj.jdbc.Driver
```

第三步：创建实体类Customer，代码如下。

```java
@Data
public class Customer {
        private Integer id;
        private String jobNo;
        private String name;
        private String department;
}
```

第四步：创建Dao层接口CustomerDao，代码如下。

```java
package com.inspur.dao;
import com.inspur.entity.Customer;
import java.util.List;
public interface CustomerDao {
    //添加客户信息
    public int saveCustomer(Customer customer);
    //获取所有客户信息
    public List<Customer> getAllCustomer();
    //根据ID查询客户信息
    public Customer getCustomerById(Integer id);
    //修改客户信息
    public int updateCustomer(Customer customer);
    //删除客户信息
    public int deleteCustomer(Integer id);
}
```

第五步：创建实现类CustomerDaoImpl继承CustomerDao接口，代码如下。

```java
package com.inspur.dao;

import com.inspur.entity.Customer;
import org.springframework.beans.factory.annotation.Autowired;
import org.springframework.jdbc.core.BeanPropertyRowMapper;
```

```java
import org.springframework.jdbc.core.JdbcTemplate;
import org.springframework.stereotype.Repository;

import java.util.List;

@Repository
public class CustomerDaoImpl implements CustomerDao {

    @Autowired
    private JdbcTemplate jdbcTemplate;

    @Override
    public int saveCustomer(Customer customer) {
        String sql = "insert into tb_custom(jobNo,name,departMent) values(?,?,?)";
        int result = jdbcTemplate.update(sql, new Object[]{customer.getJobNo(), customer.getName(), customer.getDepartment()});
        return result;
    }

    @Override
    public List<Customer> getAllCustomer() {
        String sql = "select * from tb_custom";
        return jdbcTemplate.query(sql, new BeanPropertyRowMapper<>(Customer.class));
    }

    @Override
    public Customer getCustomerById(Integer id) {
        String sql = "select * from tb_custom where id=?";
        return jdbcTemplate.queryForObject(sql, new BeanPropertyRowMapper<>(Customer.class), id);
    }

    @Override
    public int updateCustomer(Customer customer) {
        String sql = "update tb_custom set jobNo=?,name=?,departMent=? where id=?";
        return jdbcTemplate.update(sql, customer.getJobNo(), customer.getName(), customer.getDepartment(), customer.getId());
    }

    @Override
    public int deleteCustomer(Integer id) {
        String sql = "delete from tb_custom where id=?";
        return jdbcTemplate.update(sql, id);
    }
}
```

第六步：创建服务层接口CustomerService，代码如下。

```java
package com.inspur.servcie;
import com.inspur.entity.Customer;
import java.util.List;
public interface CustomerServcie {
    //添加客户信息
    public int saveCustomer(Customer Customer);
    //获取所有客户信息
    public List<Customer> getAllCustomer();
    //根据ID查询客户信息
    public Customer getCustomerById(Integer id);
    //修改客户信息
    public int updateCustomer(Customer customer);
    //删除客户信息
    public int deleteCustomer(Integer id);
}
```

第七步：创建Service实现类CustomerServiceImpl，代码如下。

```java
package com.inspur.servcie;

import com.inspur.dao.CustomerDao;
import com.inspur.entity.Customer;
import org.springframework.beans.factory.annotation.Autowired;
import org.springframework.stereotype.Service;

import java.util.List;

@Service
public class CustomerServiceImpl implements CustomerServcie {

    @Autowired
    CustomerDao customerDao;

    @Override
    public int saveCustomer(Customer customer) {
        return customerDao.saveCustomer(customer);
    }

    @Override
    public List<Customer> getAllCustomer() {
        return customerDao.getAllCustomer();
    }
```

```java
    @Override
    public Customer getCustomerById(Integer id) {
        return customerDao.getCustomerById(id);
    }

    @Override
    public int updateCustomer(Customer customer) {
        return customerDao.updateCustomer(customer);
    }

    @Override
    public int deleteCustomer(Integer id) {
        return customerDao.deleteCustomer(id);
    }
}
```

第八步：创建控制类CustomerController，代码如下。

```java
package com.inspur.Controller;

import com.inspur.entity.Customer;
import com.inspur.servcie.CustomerServcie;
import org.springframework.beans.factory.annotation.Autowired;
import org.springframework.web.bind.annotation.GetMapping;
import org.springframework.web.bind.annotation.PathVariable;
import org.springframework.web.bind.annotation.RestController;

@RestController
public class CustomerController {

    @Autowired
    CustomerServcie customerServcie;

    @GetMapping("/save")
    public String saveCustomer() {

        Customer customer = new Customer();
        customer.setJobNo("1");
        customer.setName("张三");
        customer.setDepartment("软件与大数据学院");

        int result = customerServcie.saveCustomer(customer);

        if (result > 0) {
            return "添加员工成功！";
```

```java
        } else {
            return "添加员工失败！ ";
        }
    }

    @GetMapping("/getAll")
    public String getAllCustomer() {
        return customerServcie.getAllCustomer().toString();
    }

    //根据ID查询客户信息
    @GetMapping("/getCustomer/{id}")
    public Customer getCustomerById(@PathVariable Integer id) {
        return customerServcie.getCustomerById(id);
    }

    //修改客户信息
    @GetMapping("/update")
    public String updateCustomer(Customer customer) {
        customer.setId(9);
        customer.setName("李四");
        customer.setJobNo("2");
        customer.setDepartment("软件学院");
        int result = customerServcie.updateCustomer(customer);
        if (result > 0) {
            return "修改员工成功啦！ ";
        } else {
            return "修改员工失败啦！ ";
        }
    }

    //删除客户信息
    @GetMapping("/delete/{id}")
    public String deleteCustomer(@PathVariable Integer id) {
        int result = customerServcie.deleteCustomer(id);
        if (result > 0) {
            return "删除员工成功啦！ ";
        } else {
            return "删除员工失败！ ";
        }
    }
}
```

运行代码，效果如图5-16和图5-17所示，可以通过id查询顾客信息，也可以通过getAll查询所有用户信息。

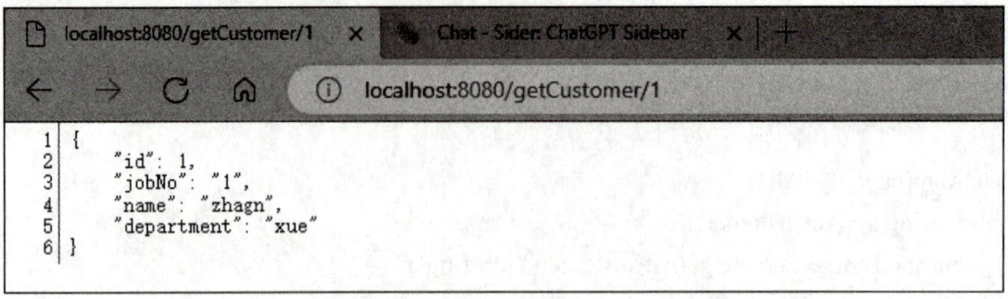

图5-16 id查询顾客信息

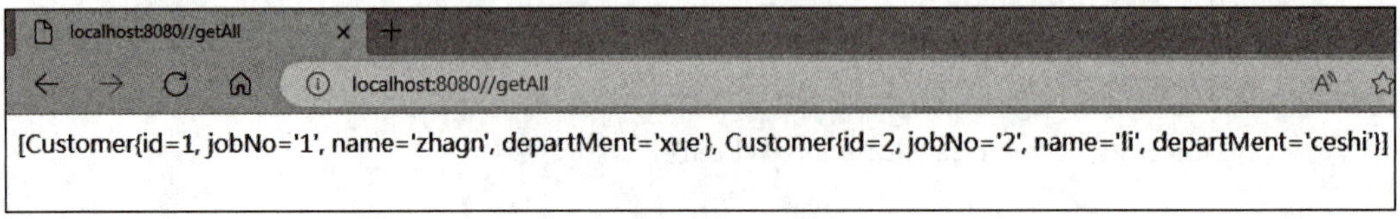

图5-17 getAll查询所有用户信息

任务实施

本任务主要是对智慧信息管理系统中角色管理进行编写，主要包含对角色的添加、修改角色信息、删除角色信息和显示角色信息等内容，实现角色管理模块步骤如下：

第一步： 在pom.xml文件中添加配置数据库、Druid、JDBC等依赖模块，具体代码如下。

```xml
<dependency>
    <groupId>org.springframework.boot</groupId>
    <artifactId>spring-boot-starter-jdbc</artifactId>
</dependency>
<dependency>
    <groupId>mysql</groupId>
    <artifactId>mysql-connector-java</artifactId>
    <scope>runtime</scope>
</dependency>
<dependency>
    <groupId>org.projectlombok</groupId>
    <artifactId>lombok</artifactId>
    <optional>true</optional>
</dependency>
<dependency>
    <groupId>com.alibaba</groupId>
    <artifactId>druid-spring-boot-starter</artifactId>
    <version>1.1.9</version>
</dependency>
```

第二步：创建实体类Sys_role，代码如下。

```java
package com.inspur.entity;

import lombok.Data;

@Data
public class Sys_role {
    private int id;
    private String name;
    private String description;
    private long create_time;
    private String create_by;
    private long update_time;
    private String update_by;
    private int del_flag;

//省略getter、setter方法和toString方法
}
```

第三步：创建Sys_roleDao层接口，代码如下。

```java
package com.inspur.dao;

import com.inspur.entity.Sys_role;

import java.util.List;

public interface Sys_roleDao {

    //添加角色信息
    public int saveSys_role(Sys_role sys_role);

    //获取所有角色信息
    public List<Sys_role> getAllSys_role();

    //根据ID查询角色信息
    public Sys_role getSys_roleById(Integer id);

    //修改角色信息
    public int updateSys_role(Sys_role sys_role);

    //根据ID删除角色信息
    public int deleteSys_roleById(Integer id);
}
```

第四步：创建Dao层实现类，代码如下。

```java
package com.inspur.dao;

import com.inspur.entity.Sys_role;
import org.springframework.beans.factory.annotation.Autowired;
import org.springframework.jdbc.core.BeanPropertyRowMapper;
import org.springframework.jdbc.core.JdbcTemplate;
import org.springframework.stereotype.Repository;

import java.util.List;

@Repository
public class Sys_roleDaoImpl implements Sys_roleDao {


    @Autowired
    private JdbcTemplate jdbcTemplate;


    @Override
    public int saveSys_role(Sys_role sys_role) {
        String sql = "insert into sys_role(name,description,create_time,create_by,update_time,update_by,del_flag) values(?,?,?,?,?,?,?)";
        int result = jdbcTemplate.update(sql, new Object[]{
                sys_role.getName(), sys_role.getDescription(), sys_role.getCreate_time(),
                sys_role.getCreate_by(), sys_role.getUpdate_time(), sys_role.getUpdate_by(), sys_role.getDel_flag()});
        return result;
    }

    @Override
    public List<Sys_role> getAllSys_role() {
        String sql = "select * from sys_role";
        return jdbcTemplate.query(sql, new BeanPropertyRowMapper<>(Sys_role.class));
    }

    @Override
    public Sys_role getSys_roleById(Integer id) {
        String sql = "select * from sys_role where id=?";
        return jdbcTemplate.queryForObject(sql, new BeanPropertyRowMapper<>(Sys_role.class), id);
    }

    @Override
    public int updateSys_role(Sys_role sys_role) {
```

```java
        String sql = "update sys_role set name=?,description=?,create_time=?,create_by=?,update_time=?,del_flag=? where id=?";
        return jdbcTemplate.update(sql, sys_role.getName(), sys_role.getDescription(), sys_role.getCreate_time(),
                sys_role.getCreate_by(), sys_role.getUpdate_time(), sys_role.getDel_flag(), sys_role.getId());
    }

    @Override
    public int deleteSys_roleById(Integer id) {
        String sql = "delete from sys_role where id=?";
        return jdbcTemplate.update(sql, id);
    }

}
```

第五步：创建服务层接口Sys_roleService，代码如下。

```java
package com.inspur.service;

import com.inspur.entity.Sys_role;

import java.util.List;

public interface Sys_roleService {
    //添加角色信息
    public int saveSys_role(Sys_role sys_role);

    //获取所有角色信息
    public List<Sys_role> getAllSys_role();

    //根据ID查询角色信息
    public Sys_role getSys_roleById(Integer id);

    //修改角色信息
    public int updateSys_role(Sys_role sys_role);

    //根据ID删除角色信息
    public int deleteSys_roleById(Integer id);
}
```

第六步：创建Service实现类Sys_roleServiceImpl，代码如下。

```java
package com.inspur.service;

import com.inspur.dao.Sys_roleDao;
```

```java
import com.inspur.entity.Sys_role;
import org.springframework.beans.factory.annotation.Autowired;
import org.springframework.stereotype.Service;

import java.util.List;

@Service
public class Sys_roleServiceImpl implements Sys_roleService {

    @Autowired
    private Sys_roleDao sys_roleDao;


    @Override
    public int saveSys_role(Sys_role sys_role) {
        return sys_roleDao.saveSys_role(sys_role);
    }

    @Override
    public List<Sys_role> getAllSys_role() {
        return sys_roleDao.getAllSys_role();
    }

    @Override
    public Sys_role getSys_roleById(Integer id) {
        return sys_roleDao.getSys_roleById(id);
    }

    @Override
    public int updateSys_role(Sys_role sys_role) {
        return sys_roleDao.updateSys_role(sys_role);
    }

    @Override
    public int deleteSys_roleById(Integer id) {
        return sys_roleDao.deleteSys_roleById(id);
    }
}
```

第七步：创建控制类Sys_Controller，代码如下。

```java
package com.inspur.controller;

import com.inspur.entity.Sys_role;
```

```java
import org.springframework.beans.factory.annotation.Autowired;
import org.springframework.web.bind.annotation.GetMapping;
import org.springframework.web.bind.annotation.PathVariable;
import org.springframework.web.bind.annotation.RestController;
import com.my.insupre.service.Sys_roleService;

import java.util.Date;


@RestController
public class Sys_Controller {

    @Autowired
    Sys_roleService sys_roleServcie;

    @GetMapping("/saveRole")
    public String saveSys_role() {

        Sys_role sys_role = new Sys_role();
        sys_role.setName("总经理助理");
        sys_role.setDescription("辅助总经理工作");
        sys_role.setCreate_time((new Date()).getTime());
        sys_role.setCreate_by(null);
        sys_role.setUpdate_time((new Date()).getTime());
        sys_role.setUpdate_by(null);
        sys_role.setDel_flag(0);
        int result = sys_roleServcie.saveSys_role(sys_role);

        if (result > 0) {
            return "添加角色成功！";
        } else {
            return "添加角色失败！";
        }

    }

    @GetMapping("/getAllRole")
    public String getAllSys_Role() {
        return sys_roleServcie.getAllSys_role().toString();
    }

    //根据ID查询角色信息
    @GetMapping("/getSysRoleById/{id}")
```

```java
        public Sys_role getSysRoleById(@PathVariable Integer id) {
            return sys_roleServcie.getSys_roleById(id);
        }

        //修改角色信息
        @GetMapping("/updateSysRole")
        public String updateSysRole(Sys_role sys_role) {
            sys_role.setId(1);
            sys_role.setName("总经理助理1");
            sys_role.setDescription("辅助总经理工作1");
            sys_role.setCreate_time((new Date()).getTime());
            sys_role.setCreate_by(null);
            sys_role.setUpdate_time((new Date()).getTime());
            sys_role.setUpdate_by(null);
            sys_role.setDel_flag(0);
            int result = sys_roleServcie.updateSys_role(sys_role);
            if (result > 0) {
                return "修改员工成功啦！";
            } else {
                return "修改员工失败啦！";
            }

        }

        //删除角色信息
        @GetMapping("/deleteSysRoleById/{id}")
        public String deleteSysRoleById(@PathVariable Integer id) {
            int result = sys_roleServcie.deleteSys_roleById(id);
            if (result > 0) {
                return "删除角色成功啦！";
            } else {
                return "删除角色失败！";
            }
        }
    }
```

第八步：运行代码，输入http://localhost:8080/saveRole网址进行角色添加，结果显示"添加角色成功"，效果如图5-18所示。

图5-18 "添加角色成功"效果

输入http://localhost:8080/updateSysRole网址进行角色修改，结果显示"修改员工成功啦"，效果如图5-19所示，说明员工修改成功。

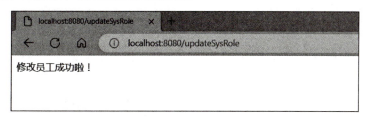

图5-19 角色修改

本项目通过对Spring Boot数据访问与事务的讲解，使读者对Spring Data JDBC与Druid有初步了解，并能够掌握Spring Boot中整合MyBatis，熟悉JPA与ORM框架的关系，最后通过所学知识为之后的Spring Boot学习打好基础。

课后习题

选择题

（1）Spring Data JDBC是Spring Data提供的一个基于JDBC的数据访问框架，它简化了（　　）。

  A．数据操作层的开发　　　　B．数据维护层的开发
  C．数据层的开发　　　　　　D．数据访问层的开发

（2）要在Spring Boot应用程序中使用Spring Data JDBC并添加依赖关系启动器，第一步需要在（　　）文件中添加Spring Data JDBC。

  A．main.xml　　B．index.xml　　C．pom.xml　　D．config.xml

（3）Druid基本配置参数中，initialSize表示（　　）。

  A．连接数据库的用户名　　　B．连接数据库的密码
  C．连接池数量　　　　　　　D．初始化时建立物理连接的个数

（4）在Spring的JdbcTemplate中，可以使用（　　）方法来执行SQL语句。

  A．update()　　B．create()　　C．run()　　D．showDatabases()

（5）（　　）是一个实现了org.springframework.jdbc.core.RowMapper接口的类，用于将结果集中的每行数据映射为一个User对象。

  A．SET NAMES　　　　　　B．SET CLASS
  C．UserRowMapper　　　　　D．SET DATABASE

（6）MyBatis可以通过定义（　　）接口和对应的映射文件或注解，将接口方法与SQL语句进行映射。

　　A．Mapper　　　　B．Setter　　　　C．JDBC　　　　D．POJO

（7）MyBatis的功能架构中，不包括（　　）。

　　A．数据传输层　　B．API接口层　　C．数据处理层　　D．基础支撑层

（8）（　　）提供了无SQL的CRUD操作。

　　A．MyBatis　　　　　　　　　　B．MyBatis-Plus

　　C．Spring Boot JDBC　　　　　　D．Druid

（9）（　　）是并发控制的基本单位。

　　A．规则　　　　　B．用户　　　　　C．数据　　　　　D．事务

（10）Spring编程式事务管理是指在代码中（　　）地控制事务的开启、提交和回滚。

　　A．静默　　　　　B．隐式　　　　　C．显式　　　　　D．强制

学习评价

通过学习本项目，看自己是否掌握了以下技能，在技能检测表中标出已掌握的技能。

评价标准	个人评价	小组评价	教师评价
（1）是否具备独立为Spring Boot整合Druid数据库连接池的能力			
（2）是否具备独立为Spring Boot整合MyBatis-Plus的能力			
（3）具备在任意场景下灵活使用Spring Data JPA接口的能力			
（4）具备独立在Spring Boot中实现事务的能力			

注：A为能做到；B为基本能做到；C为部分能做到；D为基本做不到。

项目 6

Spring Boot 高并发

项目导言

在一些有高并发需求的项目中，一般也会整合性地使用关系型数据库和NoSQL数据库，例如，让MySQL整合Redis，Redis以其超高的性能、完善的文档、简洁易懂的源码和丰富的客户端库支持在开源中间件领域广受好评。很多大型互联网公司都使用Redis，可以说Redis已成为当下后端开发者的必备技能。所以本项目除了会讲述Spring Boot整合Redis的实践要点之外，还会讲解Thymeleaf模板。

模板的诞生是为了将显示与数据分离，模板技术多种多样，本质是将模板文件和数据通过模板引擎生成最终的HTML代码。Thymeleaf也是如此。Thymeleaf将其逻辑注入模板控件中，而不会影响模板设计原型，所以可以在浏览器中正确显示HTML页面和数据，也可以在无后台时静态显示。由于Thymeleaf模板扩展名为".html"，可以直接在浏览器中打开，预览非常方便。这样改善了设计人员与开发人员的沟通，弥合了设计人员和开发团队之间的差距，从而可以在开发团队中实现更强大的协作。本项目将通过智慧信息管理系统的资产采购与智慧信息管理系统的缓存配置任务讲解Spring Boot高并发的知识。

学习目标

- ➤ 了解Thymeleaf的概念；
- ➤ 熟悉Thymeleaf的使用方法；
- ➤ 了解Spring Boot的国际化配置；
- ➤ 熟悉Spring Boot的缓存注解的使用方式；
- ➤ 了解Redis的概念以及安装使用方法；
- ➤ 熟悉Spring Boot整合Redis；
- ➤ 掌握Spring Boot的缓存管理方法；
- ➤ 具备使用Thymeleaf模板展示数据的能力；
- ➤ 具备为Spring Boot项目整合Redis实现缓存的能力；
- ➤ 具备精益求精、坚持不懈的精神；
- ➤ 具有独立解决问题的能力；
- ➤ 具备灵活的思维和处理分析问题的能力；
- ➤ 具有责任心。

任务1 智慧信息管理系统的资产采购

任务描述

目前和Spring Boot整合得比较好的前端模板是Thymeleaf和FreeMarker，通过使用这两套模板，前端工程师能更好地关注页面设计，而后端工程师能更好地关注数据传输和展示。本任务主要针对Thymeleaf模板进行讲解，之后使用Spring Boot与Thymeleaf实现智慧信息管理系统的资产采购模块。

知识准备

一、Thymeleaf简介

Thymeleaf是一种Java模板引擎，用于在Web应用程序中生成动态内容。它是一个开源的模板引擎，可以与Spring框架集成，用于构建可扩展的、高性能的Web应用程序。

Thymeleaf的设计目标是将模板和业务逻辑分离，以便开发人员可以专注于业务逻辑的实现。它使用自然模板语言，可以直接在HTML模板中嵌入动态内容。与其他模板引擎相比，Thymeleaf的语法更简洁、易于理解和维护。

Thymeleaf支持多种模板解析方式，包括XML、XHTML、HTML5和纯文本。它还提供了丰富的标签库和表达式语言，可以方便地处理条件判断、循环、变量赋值等常见操作。通过自定义标签和表达式来扩展功能，以满足特定的业务需求。此外，Thymeleaf还支持国际化和本地化，可以根据不同的语言和地区显示不同的内容。

二、Thymeleaf模板的基本语法

Thymeleaf可提供一种可被浏览器正确显示的、格式优雅的模板创建方式，可以用作静态建模。使用Thymeleaf创建的HTML页面可以直接在浏览器里面打开展示其静态资源，这有利于前后端分离的开发方式。

使用Thymeleaf模板首先需要添加对应的依赖，代码如下。

```
<dependency>
    <groupId>org.springframework.boot</groupId>
    <artifactId>spring-boot-starter-thymeleaf</artifactId>
</dependency>
```

Thymeleaf会对HTML中的标签进行严格的筛查，如果缺少部分标签就会报错，可以通过以下依赖来去除这一验证，添加的依赖内容，代码如下。

```
<dependency>
    <groupId>net.sourceforge.nekohtml</groupId>
```

```
            <artifactId>nekohtml</artifactId>
            <version>1.9.22</version>
</dependency>
```

在全局配置文件中，可以对Thymeleaf模板的参数进行一些配置，代码如下。

```
spring.thymeleaf.cache=true          #启动模板缓存
spring.thymeleaf.encoding=UTF-8      #将模板确定为UTF-8
spring.thymeleaf.mode=HTML5          #确定模板模式为HTML5
spring.thymeleaf.prefix=classpath:/resources/templates/  #指定模板页面存放路径
spring.thymeleaf.suffix=.html        #指定对应模板页面名称扩展名
```

三、Thymeleaf模板的常用标签

在HTML页面上使用xmlns属性引入Thymeleaf标签。xmlns属性定义一个或多个可供选择的命名空间。该属性可以放置在文档内任何元素的开始标签中。表现形式类似于URL，定义了一个命名空间，之后浏览器会将此命名空间用于该属性所在元素内的所有内容。

使用xmlns:th="http://www.thymeleaf.org"引入Thymeleaf模板，代码如下。

```
<html lang="en" xmlns:th="http://www.thymeleaf.org">
```

Thymeleaf模板标签的形式为"th:"，具体标签内容见表6-1。

表6-1 Thymeleaf模板标签

标签	功能	案例
th:id	替换id	`<irput th:id="'xxx'+ ${collect.id]" />`
th:text	文本替换	`<p th:text="${collect.description]">description</p>`
th:utext	支持html的文本替换	`<p th:utext="${htmlcontent}">content</p>`
th:object	替换对象	`<div th:object="$session.user}" />`
th:value	属性赋值	`<input th:value="${user.name}" />`
th:with	变量赋值运算	`<div th:with="sum=${person.number}%2==0"></div>`
th:style	设置样式	`th:style=""display:""`
th:onclick	单击事件	`th:onclick=""getSum()"`
th:each	属性赋值，如果没有显式地设置状态变量，则Thymeleaf将始终创建一个默认的迭代变量，该状态迭代变量名称为：迭代变量 + "Stat"	`<tr th:each="user,userStat:${users}">`
th:if	判断条件	`<a th:if="${userId==collect.userId}" >`
th:unless	和th:if判断相反	`<a th:href="@{/login}" th:unless=${session.user!=null}>Login</a>`
th:href	链接地址	`<a th:href="@{/login}" th:unless=${session.user!=null}>Login</a>`
th:switch	多路选择配合th:case使用	`<div th:switch="${user.role}">`
th:case	th:switch的一个分支	`<p th:case=" 'admin' ">admin</p>`
th:include	布局标签，替换内容到引入的文件	`<head th: include="layout::htmlhead" th:with="title='xxx' "></head>`
th:replace	布局标签，替换整个标签到引入的文件	`<div th:replace="fragments/header::title"></ div>`
th:selected	selected选择框选中	`th:selected="(${xxx.id} == ${configObj.id})"`
th:src	图片类地址引入	`<img th:src="@{/img/logo.png}"/>`
th:inline	定义Java Script脚本可以使用变量	`<script type="text/javascript" th:inline="javascript">`
th:action	表单提交的地址	`<form th: action="@{/subscribe}">`
th:remove	删除某个属性	`<tr th: remove="all"> 移除HTML元素，包括元素本身及其所有子元素`

表6-1表示了部分Thymeleaf的属性标签，对于其中案例的标准表达式语法，有很多语法表示，见表6-2。

表6-2　Thymeleaf的语法表示

说明	表达式语法
变量表达式	${....}
消息表达式	#{....}
URL表达式	@{....}
选择变量表达式	*{....}
片段表达式	~{....}

表达式的具体用法和含义如下。

（1）变量表达式"${....}"

变量表达式主要用于获取上下文中的变量值，示例代码如下。

```
<p th:text="${sum}">总和</p>
```

上述代码中使用了Thymeleaf模板的变量表达式"${...}"用来动态获取p标签中的内容，如果当前程序没有启动或者当前上下文中不存在sum变量，该p标签中会显示标签默认值"总和"；如果当前上下文中存在sum变量并且程序已经启动，当前p标签中的默认文本内容将会被sum变量的值所替换，从而达到模板引擎页面数据动态替换的效果。

（2）消息表达式"#{...}"

消息表达式"#{...}"主要用于Thymeleaf模板页面国际化内容的动态替换和展示，使用消息表达式"#{...}"进行国际化设置时，还需要提供一些国际化配置文件。

（3）URL表达式"@{...}"

链接表达式"@{...}"一般用于页面跳转或者资源的引入，在Web开发中占据着非常重要的地位，并且使用也非常频繁。

（4）选择变量表达式"*{...}"

与变量表达式功能相似但是有一个重要的区别，星号语法评估所选对象的表达式而不是整个上下文。若没有选定的对象，$符号的变量表达式和*符号的选择表达式语法就会完全相同。

（5）片段表达式"~{...}"

用于标记一个片段模板，并根据需要移动或者传递给其他模板，最常见用法为使用th:fragment属性来定义被包含的模板片段，以供其他模板使用。再使用th:insert或者th:replace属性插入一个片段。有三个不同的格式。

1）~{templatename::selector}：其中templatename表示模板名称，即Spring Boot项目中resources目录下"templates"文件夹中的HTML文件名称，它根据Spring Boot对Thymeleaf的规则进行映射。selector即可以是th:fragment定义的片段名称，也可以是选择器，例如，标签的id值、CSS选择器和XPath等。

2）~{templatename}：包含名为templatename 的整个模板。

3）~{:: selector}或~{this::selector}：包含在同一模板中的指定选择器的片段。

具体使用方法如下。

代码定义了一个名为 myThymeleaf的片段，然后可以使用th:insert或th:replace属性（Thymeleaf 3.0不再推荐使用th:include）包含进需要的页面中，代码如下。

```
<div th:fragment="myThymeleaf">
    Hello,myThymeleaf!
</div>
<body>
    ... <div th:insert="~{header:: myThymeleaf}"></div>   ...
</body>
```

common/index为模板名称，此时Thymeleaf会查询resources目录下的index模板页面，其title即为片段的名称。

四、Thymeleaf模板应用实例

【示例】应用Thymeleaf模板，将用户信息显示在屏幕上，具体步骤如下。

第一步：新建项目，在pom.xml文件中添加Thymeleaf、Web等相关依赖，代码如下。

```xml
<!-- Thymeleaf依赖-->
<dependency>
    <groupId>org.springframework.boot</groupId>
    <artifactId>spring-boot-starter-thymeleaf</artifactId>
</dependency>
<dependency>
    <groupId>org.thymeleaf.extras</groupId>
    <artifactId>thymeleaf-extras-java8time</artifactId>
</dependency>

<!-- Web依赖-->
<dependency>
    <groupId>org.springframework.boot</groupId>
    <artifactId>spring-boot-starter-web</artifactId>
</dependency>
<!-- MyBatis的依赖-->
<dependency>
    <groupId>org.mybatis</groupId>
    <artifactId>mybatis</artifactId>
    <version>3.5.2</version>
</dependency>
<!-- Spring和MyBatis整合依赖-->
<dependency>
    <groupId>org.mybatis.spring.boot</groupId>
    <artifactId>mybatis-spring-boot-starter</artifactId>
    <version>1.3.2</version>
</dependency>
```

```xml
<!-- MySQL依赖 -->
<dependency>
    <groupId>mysql</groupId>
    <artifactId>mysql-connector-java</artifactId>
    <version>5.1.47</version>
</dependency>
```

第二步：编写配置文件application.yml，在配置文件中对数据源、页面模版、MyBatis映射文件路径和Web服务等进行配置，代码如下。

```yaml
#数据源配置
spring:
  datasource:
    username: root
    password: root
    url: jdbc:mysql://127.0.0.1:3306/mydb?useUnicode=true&characterEncoding=UTF-8
    driver-class-name: com.mysql.jdbc.Driver
#Thymeleaf模板配置
  thymeleaf:
    cache: false
    encoding: UTF-8
    servlet:
      content-type: text/html
mybatis:
  mapper-locations: classpath:mapper/*.xml
#服务器基本配置
server:
  port: 8081
  servlet:
    context-path: /unit42
```

第三步：创建实体类User，代码如下。

```java
public class User {
    private String id;
    private String username;
    private String role;
}
```

第四步：定义Dao层接口，代码如下。

```java
public interface UserDAO {
    public List<User> getAll();
}
```

第五步：在src/resources目录下创建mapper文件夹，在mapper文件夹下创建UserMapper.xml文件，代码如下。

```xml
<?xml version="1.0" encoding="UTF-8"?>
<!DOCTYPE mapper PUBLIC "-//mybatis.org//DTD Mapper 3.0//EN" "http://mybatis.org/dtd/mybatis-3-mapper.dtd" >
<mapper namespace="com.inspur.am.dao.UserDAO">
    <!--    public List<User> getAll();-->
    <select id="getAll" resultType="com.inspur.am.po.User">
        select * from tb_user
    </select>
</mapper>
```

第六步：定义服务层接口UserService，代码如下。

```java
public interface UserService {
    public List<User> getAll();
}
```

第七步：定义服务层接口实现类UserServiceImpl，代码如下。

```java
@Service(value = "userService")
public class UserServiceImpl implements UserService {
    @Autowired(required = false)
    private UserDAO userDAO;

    @Override
    public List<User> getAll() {
        return userDAO.getAll();
    }
}
```

第八步：定义控制类UserController，代码如下。

```java
@Controller
public class UserController {
    @Autowired
    private UserService userService;

    @RequestMapping("/getall")
    public String getAllUser(ModelMap map) {
        //存储获取到的用户信息，保存到map中
        map.addAttribute("users", userService.getAll());
        return "show.html";
    }

    @RequestMapping("/go")
    public String gohtml() {
        return "Stock.html";
    }
}
```

第九步： 定义视图模版，在src/resources/templates目录下编写show.html页面，代码如下。

```html
<!DOCTYPE html>
<!--suppress ALL-->
<html lang="en" xmlns:th="http://www.thymeleaf.org">

<link rel="stylesheet" href="https://cdn.staticfile.org/twitter-bootstrap/3.3.7/css/bootstrap.min.css">
<script src="https://cdn.staticfile.org/jquery/2.1.1/jquery.min.js"></script>
<script src="https://cdn.staticfile.org/twitter-bootstrap/3.3.7/js/bootstrap.min.js"></script>
<head>
    <meta charset="UTF-8">
    <title>显示所有用户</title>
</head>
<body>
<table class="table">
    <caption>用户的基本信息</caption>
    <thead>
    <tr>
        <th>序号</th>
        <th>名字</th>
        <th>角色</th>
    </tr>
    </thead>
    <tr th:each="user:${users}">
        <td th:text="${user.id}"></td>
        <td th:text="${user.username}"></td>
        <td th:text="${user.role}"></td>
    </tr>
</table>

</body>
</html>
```

第十步： 启动项目，在浏览器中输入http://localhost:8081/unit42/getall，运行效果如图6-1所示。

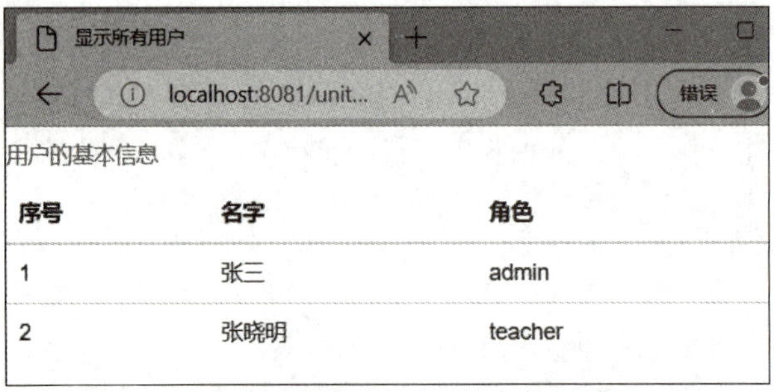

图6-1 运行项目效果图

任务实施

本任务主要是使用Thymeleaf模版，实现智慧信息管理系统的资产采购模块，具体步骤如下。

扫码观看视频

第一步： 在pom.xml中添加相关依赖，和在技能点中添加依赖代码相同。

第二步： 编写配置文件，包含对数据库的配置、Web服务器配置等内容，代码如下。

```yaml
server:
  port: 8097  #运行端口号
  #tomcat属性配置
  tomcat:
    uri-encoding: UTF-8
    max-connections: 10000   #接收和处理的最大连接数
    acceptCount: 10000       #可以放到处理队列中的请求数
    threads:
      max: 1000   #最大并发数
      min-spare: 500 #初始化时创建的线程数

# 数据库连接属性配置
spring:
  datasource:
    url: jdbc:mysql://localhost:3306/mydb?useUnicode=true&characterEncoding=utf8&nullCatalogMeansCurrent=true
    username:
    driver-class-name: com.mysql.cj.jdbc.Driver
    password:
    hikari:
      max-lifetime: 60000
      maximum-pool-size: 20
      connection-timeout: 60000
      idle-timeout: 60000
      validation-timeout: 3000
      login-timeout: 5
      minimum-idle: 10
  messages:
    basename: i18n/i18n_messages
    encoding: UTF-8
mybatis-plus:
  configuration:
    log-impl: org.apache.ibatis.logging.stdout.StdOutImpl
  mapper-locations: classpath*:mapper/*.xml
  type-aliases-package: com.inspur.am.model
```

第三步：定义资产采购实体类**SysPurchaseRecord**，代码如下。

```java
package com.inspur.am.model;

import com.baomidou.mybatisplus.annotation.IdType;
import com.baomidou.mybatisplus.annotation.TableId;
import com.baomidou.mybatisplus.annotation.TableName;
import io.swagger.annotations.ApiModelProperty;
import lombok.Data;

import java.io.Serializable;
import java.math.BigDecimal;

/**
 * 采购记录
 */
@Data
@TableName(value = "sys_purchase_record")
public class SysPurchaseRecord implements Serializable {

    private static final long serialVersionUID = 3751475911745699043L;

    @TableId(type = IdType.AUTO)
    private Long id;

    private String jobNo;

    private Integer buyer;

    private Integer userId;

    private String username;

    private Integer departmentId;

    private String assetName;

    private String actualAssetName;

    private Long assetType;

    private Long actualAssetType;

    private Integer budgetNum;

    private BigDecimal budgetPrice;
```

```java
    private Integer actualNum;

    private BigDecimal actualPrice;

    private String units;

    private String actualUnits;

    private String description;

    private Integer purchaseStatus;

    private Long createTime;

    private Long purchaseTime;

    private Long updateTime;

    private String specification;

    @ApiModelProperty("采购人姓名")
    private String buyerName;

    @ApiModelProperty("资产编号")
    private String assetCode;

    @ApiModelProperty("实际采购总金额")
    private BigDecimal actualTotalMount;

    @ApiModelProperty("采购描述")
    private String buyDescription;

}
```

第四步：定义数据层接口处理类 SysPurchaseRecordMapper，主要包含根据 id 查询采购记录、分页获取采购信息和统计采购数量等方法，代码如下。

```java
package com.inspur.am.mapper;

import com.baomidou.mybatisplus.core.mapper.BaseMapper;
import com.inspur.am.model.SysPurchaseRecord;
import com.inspur.am.po.request.SysPurchaseRecordListReq;
import com.inspur.am.po.response.SysAssetPurchaseAnalysisResp;
```

```java
import com.inspur.am.po.response.SysPurchaseRecordListResp;
import org.apache.ibatis.annotations.Param;

import java.util.List;
import java.util.Map;

public interface SysPurchaseRecordMapper extends BaseMapper<SysPurchaseRecord> {
    int deleteByPrimaryKey(Long id);

    int insert(SysPurchaseRecord record);

    int insertSelective(SysPurchaseRecord record);

    SysPurchaseRecord selectByPrimaryKey(Long id);

    int updateByPrimaryKeySelective(SysPurchaseRecord record);

    int updateByPrimaryKey(SysPurchaseRecord record);

    int count(@Param("params") SysPurchaseRecordListReq params);

    List<SysPurchaseRecordListResp> list(@Param("params") SysPurchaseRecordListReq params, @Param("offset") Integer offset, @Param("limit") Integer limit);

    /**
     * 统计采购数量
     * @param params
     * @return
     */
    SysAssetPurchaseAnalysisResp sts(@Param("params") Map<String, Object> params);
}
```

第五步：定义映射文件SysPurchaseRecordMapper.xml，编写SQL语句，代码如下。

```xml
<?xml version="1.0" encoding="UTF-8" ?>
<!DOCTYPE mapper PUBLIC "-//mybatis.org//DTD Mapper 3.0//EN" "http://mybatis.org/dtd/mybatis-3-mapper.dtd" >
<mapper namespace="com.inspur.am.mapper.SysPurchaseRecordMapper" >
  <resultMap id="BaseResultMap" type="com.inspur.am.model.SysPurchaseRecord" >
    <id column="id" property="id" jdbcType="BIGINT" />
    <result column="asset_code" property="assetCode" jdbcType="VARCHAR" />
    <result column="job_no" property="jobNo" jdbcType="VARCHAR" />
    <result column="buyer" property="buyer" jdbcType="INTEGER" />
    <result column="user_id" property="userId" jdbcType="INTEGER" />
```

```xml
        <result column="username" property="username" jdbcType="VARCHAR" />
        <result column="department_id" property="departmentId" jdbcType="INTEGER" />
        <result column="asset_name" property="assetName" jdbcType="VARCHAR" />
        <result column="actual_asset_name" property="actualAssetName" jdbcType="VARCHAR" />
        <result column="asset_type" property="assetType" jdbcType="INTEGER" />
        <result column="actual_asset_type" property="actualAssetType" jdbcType="VARCHAR" />
        <result column="budget_num" property="budgetNum" jdbcType="INTEGER" />
        <result column="budget_price" property="budgetPrice" jdbcType="DECIMAL" />
        <result column="actual_num" property="actualNum" jdbcType="INTEGER" />
        <result column="actual_price" property="actualPrice" jdbcType="DECIMAL" />
        <result column="units" property="units" jdbcType="VARCHAR" />
        <result column="actual_units" property="actualUnits" jdbcType="VARCHAR" />
        <result column="description" property="description" jdbcType="VARCHAR" />
        <result column="purchase_status" property="purchaseStatus" jdbcType="INTEGER" />
        <result column="create_time" property="createTime" jdbcType="BIGINT" />
        <result column="update_time" property="updateTime" jdbcType="BIGINT" />
        <result column="specification" property="specification" jdbcType="VARCHAR" />
        <result column="buyer_name" property="buyerName" jdbcType="VARCHAR" />
        <result column="actual_total_mount" property="actualTotalMount" jdbcType="DECIMAL" />
        <result column="buy_description" property="buyDescription" jdbcType="VARCHAR" />
    </resultMap>
    <sql id="Base_Column_List" >
        id, job_no, buyer, user_id, username, department_id, asset_name, asset_type, budget_num, budget_price,
actual_num, actual_price, units, actual_units, description, purchase_status, create_time, update_time,specification,buyer_name,actual_total_mount,buy_description,actual_asset_name,actual_asset_type
    </sql>
    <sql id="where">
        <where>
            <if test="params.assetName != null and params.assetName != '' ">
                and sar.asset_name like concat('%',#{params.assetName},'%')
            </if>
            <if test="params.assetType != null and params.assetType != '' ">
                and sar.asset_type = #{params.assetType}
            </if>
            <if test="params.jobNo != null and params.jobNo != '' ">
                and sar.job_no like concat('%',#{params.jobNo},'%')
            </if>
            <if test="params.purchaseStatus != null">
                and sar.purchase_status = #{params.purchaseStatus}
            </if>
            <if test="params.username != null and params.username != '' ">
                and sar.username like concat('%',#{params.username},'%')
            </if>
            <if test="params.buyerName != null and params.buyerName != '' ">
```

```xml
            and sar.buyer_name like concat('%',#{params.buyerName},'%')
          </if>
          <if test="params.departmentIds != null and params.departmentIds != ''">
            and FIND_IN_SET(sar.department_id, #{params.departmentIds})
          </if>
        </where>
    </sql>
    <select id="selectByPrimaryKey" resultMap="BaseResultMap" parameterType="java.lang.Long" >
      select
      <include refid="Base_Column_List" />
      from sys_purchase_record
      where id = #{id,jdbcType=BIGINT}
    </select>
    <delete id="deleteByPrimaryKey" parameterType="java.lang.Long" >
      delete from sys_purchase_record
      where id = #{id,jdbcType=BIGINT}
    </delete>
    <insert id="insert" parameterType="com.inspur.am.model.SysPurchaseRecord" >
      insert into sys_purchase_record (id,asset_code, job_no, buyer,
        user_id, username, department_id,
        asset_name, asset_type,actual_asset_name,actual_asset_type, budget_num,
        budget_price, actual_num, actual_price, units, actual_units,
        description,
        purchase_status, create_time, update_time,specification,buyer_name,actual_total_mount,buy_description
        )
      values (#{id,jdbcType=BIGINT}, #{assetCode,jdbcType=VARCHAR}, #{jobNo,jdbcType=VARCHAR}, #{buyer,jdbcType=INTEGER},
        #{userId,jdbcType=INTEGER}, #{username,jdbcType=VARCHAR}, #{departmentId,jdbcType=INTEGER},
        #{assetName,jdbcType=VARCHAR}, #{actualAssetType,jdbcType=BIGINT},
        #{actualAssetName,jdbcType=VARCHAR}, #{assetType,jdbcType=BIGINT}, #{budgetNum,jdbcType=INTEGER},
        #{budgetPrice,jdbcType=DECIMAL}, #{actualNum,jdbcType=INTEGER}, #{actualPrice,jdbcType=DECIMAL}, #{units,jdbcType=VARCHAR}, #{actualUnits,jdbcType=VARCHAR},
        #{description,jdbcType=VARCHAR},
        #{purchaseStatus,jdbcType=INTEGER}, #{createTime,jdbcType=BIGINT}, #{updateTime,jdbcType=BIGINT}, #{specification,jdbcType=VARCHAR}, #{buyerName,jdbcType=VARCHAR},
        #{actualTotalMount,jdbcType=DECIMAL}, #{buyDescription,jdbcType=VARCHAR}
        )
    </insert>
    <insert id="insertSelective" parameterType="com.inspur.am.model.SysPurchaseRecord" useGeneratedKeys="true" keyProperty="id" >
      insert into sys_purchase_record
      <trim prefix="(" suffix=")" suffixOverrides="," >
        <if test="id != null" >
```

```xml
      id,
    </if>
    <if test="assetCode != null" >
      asset_code,
    </if>
    <if test="jobNo != null" >
      job_no,
    </if>
    <if test="buyer != null" >
      buyer,
    </if>
    <if test="userId != null" >
      user_id,
    </if>
    <if test="username != null" >
      username,
    </if>
    <if test="departmentId != null" >
      department_id,
    </if>
    <if test="assetName != null" >
      asset_name,
    </if>
    <if test="assetType != null" >
      asset_type,
    </if>
    <if test="actualAssetName != null" >
      actual_asset_name,
    </if>
    <if test="actualAssetType != null" >
      actual_asset_type,
    </if>
    <if test="budgetNum != null" >
      budget_num,
    </if>
    <if test="budgetPrice != null" >
      budget_price,
    </if>
    <if test="actualNum != null" >
      actual_num,
    </if>
    <if test="actualPrice != null" >
      actual_price,
    </if>
```

```xml
      <if test="units != null" >
        units,
      </if>
      <if test="actualUnits != null" >
        actual_units,
      </if>
      <if test="description != null" >
        description,
      </if>
      <if test="purchaseStatus != null" >
        purchase_status,
      </if>
      <if test="createTime != null" >
        create_time,
      </if>
      <if test="updateTime != null" >
        update_time,
      </if>
      <if test="specification != null" >
        specification,
      </if>
      <if test="buyerName != null" >
        buyer_name,
      </if>
      <if test="actualTotalMount != null" >
        actual_total_mount,
      </if>
      <if test="buyDescription != null" >
        buy_description,
      </if>
    </trim>

    <trim prefix="values (" suffix=")" suffixOverrides="," >
      <if test="id != null" >
        #{id,jdbcType=BIGINT},
      </if>
      <if test="assetCode != null" >
        #{assetCode,jdbcType=VARCHAR},
      </if>
      <if test="jobNo != null" >
        #{jobNo,jdbcType=VARCHAR},
      </if>
      <if test="buyer != null" >
        #{buyer,jdbcType=INTEGER},
```

```xml
        </if>
        <if test="userId != null" >
          #{userId,jdbcType=INTEGER},
        </if>
        <if test="username != null" >
          #{username,jdbcType=VARCHAR},
        </if>
        <if test="departmentId != null" >
          #{departmentId,jdbcType=INTEGER},
        </if>
        <if test="assetName != null" >
          #{assetName,jdbcType=VARCHAR},
        </if>
        <if test="assetType != null" >
          #{assetType,jdbcType=BIGINT},
        </if>
        <if test="actualAssetName != null" >
          #{actualAssetName,jdbcType=VARCHAR},
        </if>
        <if test="actualAssetType != null" >
          #{actualAssetType,jdbcType=BIGINT},
        </if>
        <if test="budgetNum != null" >
          #{budgetNum,jdbcType=INTEGER},
        </if>
        <if test="budgetPrice != null" >
          #{budgetPrice,jdbcType=DECIMAL},
        </if>
        <if test="actualNum != null" >
          #{actualNum,jdbcType=INTEGER},
        </if>
        <if test="actualPrice != null" >
          #{actualPrice,jdbcType=DECIMAL},
        </if>
        <if test="units != null" >
          #{units,jdbcType=VARCHAR},
        </if>
        <if test="actualUnits != null" >
          #{actualUnits,jdbcType=VARCHAR},
        </if>
        <if test="description != null" >
          #{description,jdbcType=VARCHAR},
        </if>
        <if test="purchaseStatus != null" >
```

```xml
          #{purchaseStatus,jdbcType=INTEGER},
        </if>
        <if test="createTime != null" >
          #{createTime,jdbcType=BIGINT},
        </if>
        <if test="updateTime != null" >
          #{updateTime,jdbcType=BIGINT},
        </if>
        <if test="specification != null" >
          #{specification,jdbcType=VARCHAR},
        </if>
        <if test="buyerName != null" >
          #{buyerName,jdbcType=VARCHAR}
        </if>
        <if test="actualTotalMount != null" >
          #{actualTotalMount,jdbcType=DECIMAL}
        </if>
        <if test="buyDescription != null" >
          #{buyDescription,jdbcType=VARCHAR}
        </if>
      </trim>
  </insert>

  <update id="updateByPrimaryKeySelective" parameterType="com.inspur.am.model.SysPurchaseRecord" >
    update sys_purchase_record
    <set >
      <if test="assetCode != null" >
        asset_code = #{assetCode,jdbcType=VARCHAR},
      </if>
      <if test="jobNo != null" >
        job_no = #{jobNo,jdbcType=VARCHAR},
      </if>
      <if test="buyer != null" >
        buyer = #{buyer,jdbcType=INTEGER},
      </if>
      <if test="userId != null" >
        user_id = #{userId,jdbcType=INTEGER},
      </if>
      <if test="username != null" >
        username = #{username,jdbcType=VARCHAR},
      </if>
      <if test="departmentId != null" >
        department_id = #{departmentId,jdbcType=INTEGER},
      </if>
```

```xml
<if test="assetName != null" >
  asset_name = #{assetName,jdbcType=VARCHAR},
</if>
<if test="assetType != null" >
  asset_type = #{assetType,jdbcType=BIGINT},
</if>
<if test="actualAssetName != null" >
  actual_asset_name = #{actualAssetName,jdbcType=VARCHAR},
</if>
<if test="actualAssetType != null" >
  actual_asset_type = #{actualAssetType,jdbcType=BIGINT},
</if>
<if test="budgetNum != null" >
  budget_num = #{budgetNum,jdbcType=INTEGER},
</if>
<if test="budgetPrice != null" >
  budget_price = #{budgetPrice,jdbcType=DECIMAL},
</if>
<if test="actualNum != null" >
  actual_num = #{actualNum,jdbcType=INTEGER},
</if>
<if test="actualPrice != null" >
  actual_price = #{actualPrice,jdbcType=DECIMAL},
</if>
<if test="units != null" >
  units = #{units,jdbcType=VARCHAR},
</if>
<if test="actualUnits != null" >
  actual_units = #{actualUnits,jdbcType=VARCHAR},
</if>
<if test="description != null" >
  description = #{description,jdbcType=VARCHAR},
</if>
<if test="purchaseStatus != null" >
  purchase_status = #{purchaseStatus,jdbcType=INTEGER},
</if>
<if test="createTime != null" >
  create_time = #{createTime,jdbcType=BIGINT},
</if>
<if test="updateTime != null" >
  update_time = #{updateTime,jdbcType=BIGINT},
</if>
<if test="specification != null" >
  specification = #{specification,jdbcType=VARCHAR},
```

```xml
      </if>
      <if test="buyerName != null" >
        buyer_name = #{buyerName,jdbcType=VARCHAR},
      </if>
      <if test="actualTotalMount != null" >
        actual_total_mount = #{actualTotalMount,jdbcType=DECIMAL},
      </if>
      <if test="buyDescription != null" >
        buy_description = #{buyDescription,jdbcType=VARCHAR},
      </if>
    </set>
    where id = #{id,jdbcType=BIGINT}
</update>

<update id="updateByPrimaryKey" parameterType="com.inspur.am.model.SysPurchaseRecord" >
    update sys_purchase_record
    set asset_code = #{assetCode,jdbcType=VARCHAR},
      job_no = #{jobNo,jdbcType=VARCHAR},
      buyer = #{buyer,jdbcType=INTEGER},
      user_id = #{userId,jdbcType=INTEGER},
      username = #{username,jdbcType=VARCHAR},
      department_id = #{departmentId,jdbcType=INTEGER},
      asset_name = #{assetName,jdbcType=VARCHAR},
      asset_type = #{assetType,jdbcType=INTEGER},
      actual_asset_name = #{actualAssetName,jdbcType=VARCHAR},
      actual_asset_type = #{actualAssetType,jdbcType=BIGINT},
      budget_num = #{budgetNum,jdbcType=INTEGER},
      budget_price = #{budgetPrice,jdbcType=DECIMAL},
      actual_num = #{actualNum,jdbcType=INTEGER},
      actual_price = #{actualPrice,jdbcType=DECIMAL},
      units = #{units,jdbcType=VARCHAR},
      actual_units = #{actualUnits,jdbcType=VARCHAR},
      description = #{description,jdbcType=VARCHAR},
      purchase_status = #{purchaseStatus,jdbcType=INTEGER},
      create_time = #{createTime,jdbcType=BIGINT},
      update_time = #{updateTime,jdbcType=BIGINT},
      specification = #{specification,jdbcType=VARCHAR},
      buyer_name = #{buyerName,jdbcType=VARCHAR},
      actual_total_mount = #{actualTotalMount,jdbcType=DECIMAL},
      buy_description = #{buyDescription,jdbcType=VARCHAR},
    where id = #{id,jdbcType=BIGINT}
</update>

<select id="count" resultType="int">
```

```xml
        select count(1) from sys_purchase_record sar <include refid="where" />
    </select>

    <select id="list" resultType="com.inspur.am.po.response.SysPurchaseRecordListResp">
        select sar.*,sd.name as departmentName,sat.name assetTypeName,sar.budget_num*sar.budget_price as totalAmount from sys_purchase_record sar
        left join sys_department sd on sd.id = sar.department_id
        left join sys_asset_type sat on sat.id = sar.asset_type
        <include refid="where" />
        order by r.purchase_status,sar.id desc
        limit #{offset}, #{limit}
    </select>
    <select id="sts" resultType="com.inspur.am.po.response.SysAssetPurchaseAnalysisResp">
        select sum(actual_num) as purchaseNum, sum(actual_num * actual_price) as amount
        from sys_purchase_record
        where 1 = 1
        <if test="params.ids != null">
            and asset_type in
            <foreach collection="params.ids" index="index" item="id" open="(" separator="," close=")">
                #{id}
            </foreach>
        </if>
        <if test="params.startTime != null and params.endTime !=null">
            and create_time between #{params.startTime} and #{params.endTime}
        </if>

    </select>
</mapper>
```

第六步：定义服务层接口SysPurchaseRecordService，代码如下。

```java
public interface SysPurchaseRecordService {

    /**
     * 采购列表
     * @param req
     */
    Map<String,Object> list(SysPurchaseRecordListReq req);

    /**
     * 确认采购
     */
    void confirm(SysPurchaseConfirmReq req, Long id);

}
```

第七步：定义服务层实现类，代码如下。

```java
@Service
public class SysPurchaseRecordServiceImpl implements SysPurchaseRecordService {

    @Resource
    SysPurchaseRecordMapper sysPurchaseRecordMapper;
    @Resource
    SysUserMapper sysUserMapper;
    @Resource
    SysAssetMapper sysAssetMapper;

    @Resource
    HttpServletRequest request;

    @Override
    public Map<String,Object> list(SysPurchaseRecordListReq req){
        try{

            String authorization = request.getHeader("Authorization");
            Claims claims = JwtUtil.parseJwt(authorization);
//            String departmentIds = claims.get("fillArgs").toString();
            SysUser sysUserInfo = sysUserMapper.selectOne(new QueryWrapper<SysUser>().eq("id", claims.get("id")));

            Map<String, Object> map = new HashMap<String, Object>();

            // 非综合部无权查看采购记录
            if (!sysUserInfo.getDepartmentId().equals(ParamsConstant.DEPARTMENT_GENERAL_MANAGEMENT)) {
                map.put("total_record", 0);
                map.put("data", new ArrayList<>());
                return map;
            }
            if(req.getDepartmentId() == null){
                if (sysUserInfo.getDepartmentId().equals(ParamsConstant.DEPARTMENT_GENERAL_MANAGEMENT)) {
                    req.setDepartmentIds(null);   // 综合部的可以查看所有部门的资产信息
                } else {
                    String departmentIds = claims.get("fillArgs").toString();
                    req.setDepartmentIds(departmentIds);
                }
            }else{
                req.setDepartmentIds(req.getDepartmentId());
            }
```

```java
            //req.setDepartmentIds(null);

            Integer limit = req.getLimit();
            Integer offset = (req.getCurrent() - 1) * limit;
            int count = sysPurchaseRecordMapper.count(req);
            List<SysPurchaseRecordListResp> list = sysPurchaseRecordMapper.list(req, offset, limit);
            map.put("total_record", count);
            map.put("data", list);
            return map;
        }catch (Exception e){
            throw new ChorBizException(AmErrorCode.SERVER_ERROR);
        }
    }


    @Transactional(rollbackFor = Exception.class)
    @Override
    public void confirm(SysPurchaseConfirmReq req, Long id){
        try{
            //查询是否存在
            SysPurchaseRecord sysPurchaseRecord = sysPurchaseRecordMapper.selectByPrimaryKey(id);

            if (null == sysPurchaseRecord) {
                throw new ChorBizException(AmErrorCode.NULL_FOUND);
            }else if(sysPurchaseRecord.getPurchaseStatus().equals(ParamsConstant.BUY_SUCCESS)){
                throw new ChorBizException(AmErrorCode.STATUS_NO_CHANGE);
            }

            SysUser sysUserInfo = sysUserMapper.selectById(req.getConfirmUserId());

            //判断所属部门是否是综合管理部并且是资产管理员
            if(!(sysUserInfo.getPostId().equals(ParamsConstant.POST_GROUP_ASSET_MANAGER)|| sysUserInfo.getPostId().equals(ParamsConstant.POST_GENERAL_ASSET_MANAGER))){throw new ChorBizException(AmErrorCode.NO_AUTHORIZATION);
            }

            CopyUtils.copyProperties(req,sysPurchaseRecord);
            SimpleDateFormat simpleDateFormat = new SimpleDateFormat("yyyyMMddHHmmssSSS");
            String formatTime = simpleDateFormat.format(new Date());
            int random = (int)(Math.random()*900)+100;
            //生成规则
            sysPurchaseRecord.setAssetCode(formatTime+random);
            sysPurchaseRecord.setPurchaseStatus(ParamsConstant.BUY_SUCCESS);
            sysPurchaseRecord.setBuyer(req.getConfirmUserId());
```

```java
            sysPurchaseRecord.setBuyerName(sysUserInfo.getUsername());
            //修改实际采购情况
            sysPurchaseRecordMapper.updateById(sysPurchaseRecord);

            //新增入库
            SysAsset sysAsset = new SysAsset();
            sysAsset.setAssetCode(sysPurchaseRecord.getAssetCode());
            sysAsset.setAssetType(req.getActualAssetType());
            sysAsset.setAssetName(req.getActualAssetName());
            sysAsset.setAssetNum(req.getActualNum());
            sysAsset.setUnits(req.getActualUnits());
            sysAsset.setPrice(req.getActualPrice());
            sysAsset.setDepartmentId(sysPurchaseRecord.getDepartmentId());
            sysAsset.setCheckStatus(ParamsConstant.DEL_FLAG_DEFAULT);
            sysAsset.setInventoryStatus(ParamsConstant.ASSET_INVENTORY_STATUS_IN);
            sysAsset.setAssetStatus(ParamsConstant.ASSET_STATUS_GOOD);
            sysAsset.setDelFlag(ParamsConstant.DEL_FLAG_DEFAULT);
            sysAsset.setCreateTime(System.currentTimeMillis());
            sysAsset.setSpecification(req.getActualSpecification());
            sysAsset.setUserId(req.getConfirmUserId());
            sysAsset.setUsername(sysUserInfo.getUsername());
            sysAssetMapper.insertSelective(sysAsset);
        }catch(ChorBizException e){
            throw e;
        }catch (Exception e){
            throw new ChorBizException(AmErrorCode.SERVER_ERROR);
        }
    }
}
```

第八步：定义控制类，代码如下。

```java
@Api(tags = "资产采购")
@RestController
@RequestMapping("/sysPurchaseRecord")
public class SysPurchaseRecordController {

    @Resource
    SysPurchaseRecordService sysPurchaseRecordService;
    @ApiOperation(value = "采购列表",notes = "管理端API", response = SysPurchaseRecordListResp.class)
    @GetMapping("/list")
    public ChorResponse<Map<String,Object>> list(@ModelAttribute SysPurchaseRecordListReq req){
        return ChorResponseUtils.success(sysPurchaseRecordService.list(req));
    }
```

```java
@ApiOperation(value = "确认采购", notes = "管理端API")
@ApiResponses({
        @ApiResponse(code = 000001, message = "success"),
        @ApiResponse(code = 300001, message = "确认采购对象不存在"),
        @ApiResponse(code = 500001, message = "系统繁忙")
})
@CheckLock
@PostMapping("/confirm/{id}")
public ChorResponse<Void> confirm(@RequestBody SysPurchaseConfirmReq req, @PathVariable Long id) {

    sysPurchaseRecordService.confirm(req, id);
    return ChorResponseUtils.success();
}
}
```

第九步：使用Thymeleaf展示数据，代码如下。

```html
<thead>
            <tr>
                <th>序号</th>
                <th>采购人</th>
                <th>申请人</th>
                <th>申请单位</th>
                <th>资产名称</th>
                <th>资产类别</th>
                <th>规格型号</th>
                <th>申请数量</th>
                <th>单位</th>
                <th>预算单价</th>
                <th>申请时间</th>
                <th>资产编号</th>
                <th>采购日期</th>
                <th>实际数量</th>
                <th>实际单位</th>
                <th>实际单价</th>
                <th>实际总额</th>
                <th>采购描述</th>
                <th>采购状态</th>
                <th>操作</th>
            </tr>
        </thead>
        <tbody>
            <tr th:each="spr,iterStat:${sysPurchaseRecords}">
                <td th:text="${iterstat.count}"></td>
```

```
                <td th:text="$(spr.buyerName)"></td>
                <td th:text="${spr.username}"></td>
                <td th:text="${spr.departmentName}"></td>
                <td th:text="${spr.assetName}"></td>
                <td th:text="${spr.assetType}"></td>
                <td th:text="${spr.actualSpecification}"></td>
                <td th:text="${spr.budgetNum)"></td>
                <td th:text="${spr.units}"></td>
                <td th:text="${spr.budgetPrice}"></td>
                <td th:text="${spr.createTime}"></td>
                <td th:text="${spr.assetCode}"></td>
                <td th:text="${spr.purchaseTime}"></td>
                <td th:text="${spr.actualNum}"></td>
                <td th:text="${spr.actualUnits}"></td>
                <td th:text="${spr.actualPrice}"></td>
                <td th:text="${spr.actualTotalMount)"></td>
                <td th:text="${spr.description}"></td
                <td th:text="${spr.purchaseStatus}"></td>
                <td href=" ">确认采购</td>
            </tr>
            </tbody>
        </table>
```

第十步：运行项目，效果如图6-2所示。

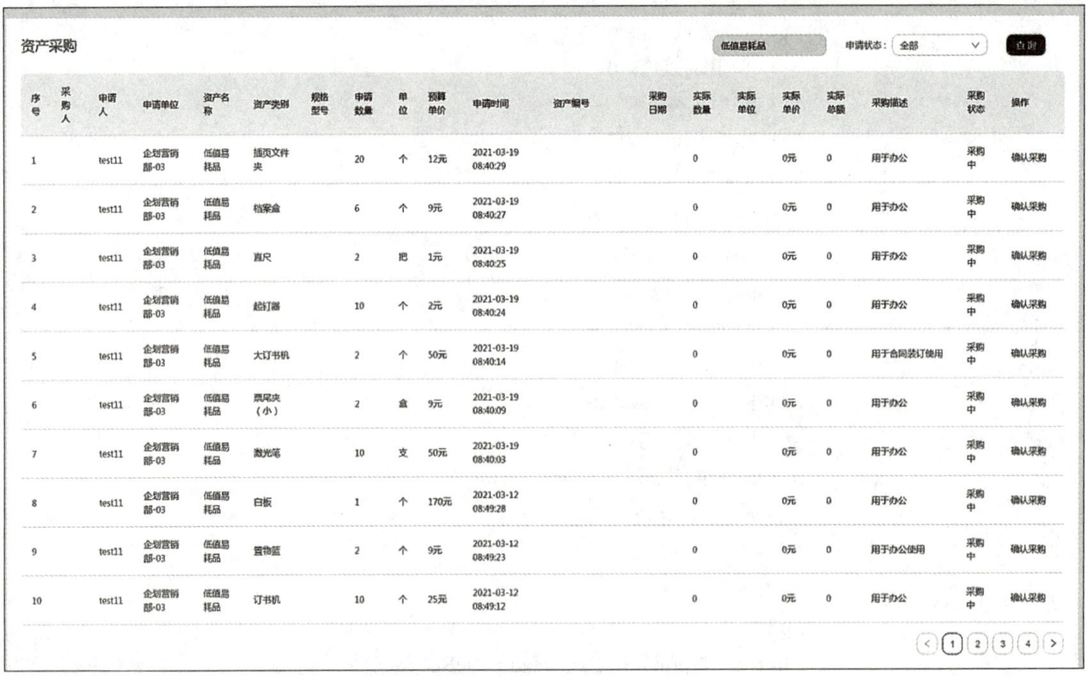

资产采购　　低值易耗品　申请状态：全部　查询

序号	采购人	申请人	申请单位	资产名称	资产类别	规格型号	申请数量	单位	预算单价	申请时间	资产编号	采购日期	实际数量	实际单位	实际单价	实际总额	采购描述	采购状态	操作
1		test11	企划营销部-03	低值易耗品	插页文件夹		20	个	12元	2021-03-19 08:40:29			0		0元	0	用于办公	采购中	确认采购
2		test11	企划营销部-03	低值易耗品	档案盒		6	个	9元	2021-03-19 08:40:27			0		0元	0	用于办公	采购中	确认采购
3		test11	企划营销部-03	低值易耗品	直尺		2	把	1元	2021-03-19 08:40:25			0		0元	0	用于办公	采购中	确认采购
4		test11	企划营销部-03	低值易耗品	起钉器		10	个	2元	2021-03-19 08:40:24			0		0元	0	用于办公	采购中	确认采购
5		test11	企划营销部-03	低值易耗品	大订书机		2	个	50元	2021-03-19 08:40:14			0		0元	0	用于合同装订使用	采购中	确认采购
6		test11	企划营销部-03	低值易耗品	票尾夹（小）		2	盒	9元	2021-03-19 08:40:09			0		0元	0	用于办公	采购中	确认采购
7		test11	企划营销部-03	低值易耗品	激光笔		10	支	50元	2021-03-19 08:40:03			0		0元	0	用于办公	采购中	确认采购
8		test11	企划营销部-03	低值易耗品	白板		1	个	170元	2021-03-12 08:49:28			0		0元	0	用于办公	采购中	确认采购
9		test11	企划营销部-03	低值易耗品	置物篮		2	个	9元	2021-03-12 08:49:23			0		0元	0	用于办公使用	采购中	确认采购
10		test11	企划营销部-03	低值易耗品	订书机		10	个	25元	2021-03-12 08:49:12			0		0元	0	用于办公	采购中	确认采购

< 1 2 3 4 >

图6-2　运行项目效果图

任务2 智慧信息管理系统的缓存配置

任务描述

Redis是一种用键值对格式存储数据的NoSQL数据库，由于Redis数据库是在内存中存储数据的，因此它的读写性能很高，所以在大多数项目中都会用它来作为数据缓存组件。本任务主要讲解Redis数据库的基础、Redis的常用命令和基本数据结构，并在此基础上实现Spring Boot项目整合Redis缓存。

知识准备

一、缓存简介

缓存是一种将数据或计算结果存储在高速存储介质中的技术，以便在后续的访问中可以更快地获取数据。它是为了提高系统性能和响应速度而设计的。

缓存可以存在于多个层级，包括硬件缓存、操作系统缓存和应用程序缓存。硬件缓存是CPU内部的一种高速存储，用于存储最常用的数据和指令。操作系统缓存是在操作系统内部的一种存储，用于存储最近访问的文件和数据块。应用程序缓存是开发人员在应用程序中主动使用的一种缓存机制，用于存储经常访问的数据或计算结果。

缓存的工作原理是当一个请求到达时，系统首先检查缓存中是否存在请求的数据。如果存在，则直接从缓存中获取数据，避免了访问慢速存储介质的开销。如果缓存中不存在请求的数据，则系统会从慢速存储介质中获取数据，并将其存储在缓存中，以备后续的访问。

缓存的好处是可以大大提高系统的响应速度和性能。通过减少对慢速存储介质的访问次数，节省大量的时间和资源。另外，缓存还可以减轻服务器的负载，提高系统的可伸缩性。

然而，缓存也存在一些挑战和注意事项。首先，缓存的数据需要保持一致性，即当原始数据发生变化时，缓存中的数据也需要相应地更新。其次，缓存的大小和存储策略需要合理配置，以避免浪费资源或导致缓存击穿等问题。此外，缓存还可能引入缓存一致性、并发访问和过期管理等问题，需要仔细考虑和处理。

总而言之，缓存是一种重要的性能优化技术，可以显著提高系统的响应速度和性能。通过合理配置和管理缓存，开发人员可以在不增加系统复杂性的情况下获得更好的用户体验。

二、Spring Boot的缓存注解

1. @Cacheable注解

@Cacheable 是 Spring 框架提供的注解，用于缓存方法的返回结果。当使用 @Cacheable

注解标记一个方法时，Spring会在第一次调用该方法时执行方法体，并将方法的返回结果缓存起来。之后，当再次调用该方法时，Spring会直接从缓存中获取结果，而不会执行方法体。

@Cacheable注解可以用于类级别和方法级别。在类级别上使用@Cacheable注解时，表示该类的所有方法都具有缓存功能。在方法级别上使用@Cacheable注解时，表示该方法具有缓存功能。

@Cacheable注解可以配置多个缓存属性，用于指定缓存的条件。常用的缓存属性有：

1）value：指定缓存的名称，可以是一个字符串或字符串数组。如果不指定value，则默认使用方法的全限定名作为缓存的名称。

2）key：指定缓存的键，可以是一个字符串或SpEL表达式。如果不指定key，则默认使用方法的参数作为缓存的键。

3）condition：指定是否进行缓存，可以是一个SpEL表达式。只有当条件满足时，才会进行缓存。默认为true，即一直进行缓存。

使用@Cacheable注解的示例代码如下。

```
@Service
public class UserService {

    @Cacheable(value = "userCache", key = "#id")
    public User getUserById(Long id) {
        // 从数据库中查询用户信息
        User user = userDao.getUserById(id);
        return user;
    }
}
```

在上面的示例代码中，使用@Cacheable注解标记了getUserById方法，指定了缓存的名称为"userCache"，缓存的键为方法的参数id。当第一次调用getUserById方法时，会执行方法体，并将返回结果缓存起来。之后再次调用该方法时，会直接从缓存中获取结果。

需要注意的是，使用@Cacheable注解时，需要在Spring配置文件中配置一个缓存管理器，以便实现缓存的功能。可以使用Spring提供的缓存管理器，也可以使用其他第三方的缓存框架，例如，Ehcache、Redis等。

总的来说，@Cacheable注解是Spring框架提供的用于缓存方法结果的注解，可以通过配置缓存属性来指定缓存的名称、键和条件。使用@Cacheable注解可以提高方法的执行效率，减少对数据库等资源的访问。

2. @CacheEvict注解

@CacheEvict的作用主要针对方法配置，该注解的作用是根据一定的条件对缓存进行清空，执行顺序是先进行缓存，然后再清理缓存。

@CacheEvict提供的属性大多与@Cacheable注解所提供的属性基本相同，@CacheEvict提供了两个额外的属性。

（1）allEntries

allEntries属性表示是否清空所有缓存内容，默认值为false。如果指定为true，则方法调用后将立即清空所有缓存。

（2）beforeInvocation

beforeInvocation属性表示是否在方法执行前就清空，默认值为false，如果指定为true，则在方法还没有执行的时候就清空缓存。

3. @CachePut注解

@CachePut注解可以用在类或者方法上，通常用在更新数据的方法上，该注解的作用是实现缓存与数据库的同步更新，执行顺序是先进行方法调用，然后更新缓存。@CachePut提供的属性与@Cacheable注解提供的属性完全相同。

4. @Caching注解

当进行复杂的数据缓存时，可以使用@Caching注解应用在类或者方法上。@Caching注解有三个属性，分别是cacheable、put和evict，这三个属性相当于@Cacheable、@CachePut注解和@CacheEvict注解，代码如下。

```java
@Caching (cacheable = {@Cacheable (value = "users" , key = "#id" )},
put = {@CachePut (value = "users" , key = "#result.id" , condition = "#result !=null" )}
)
    public Users getById(Integer id) {
        return usersRepository.getOne(id) ;
    }
```

5. @CacheConfig注解

@CacheConfig注解可以用在类上，@CacheConfig注解的作用是管理@Cacheable、@CachePut和@CacheEvict注解标注的公共属性，允许的包括cacheName、KeyGenerator、CacheManager 和CacheResolver，代码如下。

```java
@CacheConfig(cacheNames = "users")
@Service
public class UserServiceImpl implements UserService {
    @Autowired
    private  UsersRepository usersRepository;
    @Override
    @Cacheable
    public Users getById(Integer id) {
        if(null == id || id < 1) {
            return null;
        }
        return usersRepository.getOne(id) ;
    }
}
```

三、Redis简介

Redis是一种开放源码的内存数据结构，用于数据库、缓存和信息代理等领域。Redis

提供了五种数据类型：string（字符串）、hash（哈希）、list（列表）、set（集合）和zset（sorted set：有序集合）。Redis提供了许多有用的功能和特性，包括内置的数据复制、Lua脚本支持、LRU（最近最少使用）驱逐策略、事务支持和不同级别的磁盘持久化。它还通过Redis Sentinel和Redis Cluster提供了高可用性和自动分区的功能。

由于Redis的内存存储结构和高效的读写性能，它被广泛应用于各种场景，例如，缓存、事件发布或订阅、高速队列等。它可以快速地处理大量的读写请求，并提供了丰富的命令和功能，使得开发者能够轻松地构建高性能的应用程序。其中Redis有以下优点：

1）性能极好：读取的速度与写入的速度十分快。

2）拥有六种数据结构：可以满足存储各种数据结构体的需要，数据类型少，所需要的逻辑判断更少，增加了读/写速度。

3）原子性：即要求操作成功执行或完全失败不执行。单个运作是一种原子。多个操作还支持多个事务，即通过multi和exec指令包来实现。

4）功能丰富：其堆栈支持publish / subscribe、通知和key过期等特征。

Redis拥有良好的性能和丰富的功能，但仍有一些缺点，例如，对持久性软件的支持不够好。一般情况下，孤立的业务数据不作为主业务数据库进行存储，是与一些传统的关系型业务数据库互相配合一起使用。

四、Redis安装使用

第一步：Redis支持Windows、Linux和Docker镜像安装等不同的安装方式。由于Redis官网并没有发布Windows平台上的程序，根据官网可知，要在Windows上安装Redis，首先需要启用WSL2（适用于Linux的Windows子系统），具体可以参照官网。除此之外，有一群志愿者站出来，将Redis的Windows版本更新到5.0.14版本，如图6-3所示。

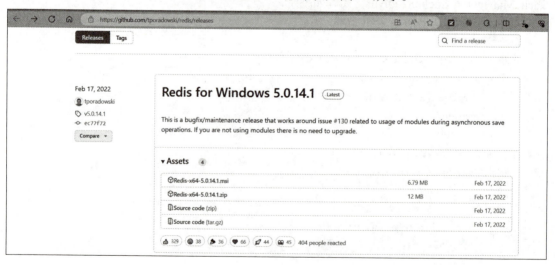

图6-3　Redis下载

第二步：将压缩包解压，解压后，将文件夹重新命名为Redis，不需要任何配置，这样Redis就下载安装完成，如图6-4所示。

图6-4 解压

第三步：在安装完成之后，开启Redis服务。

Redis安装包解压后有多个目录文件，其中有两个重要的可执行文件：redis-cli.exe和redis-server.exe。redis-server.exe用于开启Redis服务，redis-cli.exe用于开启客户端工具。

双击redis-server.exe，在终端窗口会显示Redis的版本和默认启动端口号6379，如图6-5所示。

图6-5 开启Redis服务

第四步：下载安装Redis可视化客户端工具。访问官网下载地址，下载完成之后，进行安装，安装成功效果如图6-6所示。

图6-6 安装Redis可视化客户端工具

第五步：依次打开Redis服务和可视化工具Redis Desktop。

单击"Connect to Redis Server"按钮打开Redis连接配置，在"Connection"对话框中填写对应的连接名称Name，连接主机Host，该项是Redis的服务地址，默认是127.0.0.1，连接端口Port，Redis默认端口号为6379。然后单击"Test Connection"按钮进行连接测试，连接成功，单击"OK"按钮。至此，Redis开启服务与连接配置完全结束，连接成功效果如图6-7所示。

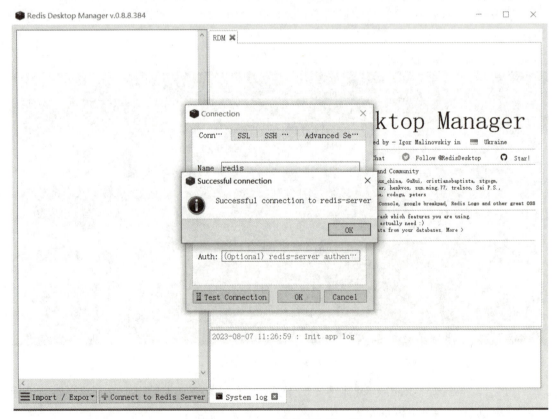

图6-7 配置可视化客户端工具

至此，Redis安装测试连接成功，在使用Redis时，需打开对应的Redis服务才可使用Redis。

任务实施

扫码观看视频

Spring Boot除了对关系型数据库的整合支持，对非关系型数据库的整合同样支持，Spring Boot与Redis的整合使用，如下。

第一步：添加依赖。

在pom.xml文件中，添加spring-boot-starter-data-redis依赖，代码如下。

```xml
<dependency>
    <groupId>org.springframework.boot</groupId>
    <artifactId>spring-boot-starter-data-redis</artifactId>
</dependency>
```

第二步：Redis数据库连接配置。

在全局配置文件application.properties中添加Redis数据库连接，主要配置了Redis数据库的服务地址（默认为127.0.0.1）、连接端口（默认为6379）、连接密码（默认为空），代码如下。

```
#Redis服务地址 默认地址为127.0.0.1
spring.redis.host=127.0.0.1
#Redis服务器连接端口 默认端口号为6379
spring.redis.port=6379
#Redis服务器连接密码 默认密码为空
spring.redis.password=
```

第三步：定义控制类Usercontroller，代码如下。

```java
@RestController
@ResponseBody
public class Usercontroller {
    @Autowired//自动注入
    UserService userservice;
    @GetMapping("/user/{id}")//设置查询方式
    public User getUser(@PathVariable("id") Integer id)//通过@PathVariable获取id的路径
    {
        User user=userservice.getuser(id);
        return user;
    }
    @GetMapping("/user")
    public User update(User user)
    {
        User user_tmp=userservice.updateUser(user);
        return user_tmp;
```

```java
}
    @GetMapping("/deluser")
    public String  deleteUser(int id)
    {
        userservice.userDelete(id);
        return "success";
    }
```

第四步：定义映射文件UserMapper，编写SQL语句，代码如下。

```java
@Mapper//设置数据映射,从user表中根据id获得用户信息
public interface UserMapper {
    @Select("SELECT * FROM user WHERE id=#{id}")
    public User getUserbyid(int id);
    @Update("UPDATE user SET name=#{name} WHERE id=#{id}")
    public void UpdateUser(User user);
    @Delete("DELETE FROM user WHERE id=#{id}")
    public void deleteuser(Integer id);

}
```

第五步：定义服务层接口，代码如下。

```java
@Service
public class UserService {
    /**
     * 打开缓存,并设置缓存名称为user*/

    @Autowired
    UserMapper usermapper;//声明一个usermapper对象
    @Cacheable(cacheNames ={"user"})//设置缓存名称为user
    public User getuser(int id)
    {
        System.out.println("查询"+id+"号员工");
        User user=usermapper.getUserbyid(id);//调用UserMapper类中的getUserbyid（）方法
        return user;
    }
    @CachePut(value="user",key="#result.id")//使用传入的参数id,也就是修改的数据中对应的id
    public User updateUser(User user)
    {
        System.out.println("updateuser:"+user);
        usermapper.UpdateUser(user);
        return user;

    }
    @CacheEvict(value = "user",key = "#id")
```

```
public void userDelete(Integer id)
{
    usermapper.deleteuser(id);
    System.out.println("deleteuser:"+id);
}
```

第六步：运行项目，效果如图6-8所示。

图6-8　运行项目效果图

通过Redis可视化工具查看对应的缓存，效果如图6-9所示。

图6-9　查看对应缓存

本项目通过对Spring Boot高并发的讲解，使读者对Thymeleaf模板的使用方法有初步了解，并能够掌握为Spring Boot整合Redis以实现缓存，熟悉Redis的概念及安装和使用，最后通过所学知识为之后的Spring学习打好基础。

选择题

（1）Thymeleaf可提供一种可被浏览器正确显示的、格式优雅的模板创建方式，因此也可以用作（　　）。
　　A. 动画效果　　B. 数据展示　　C. 动态建模　　D. 静态建模
（2）在HTML页面上使用（　　）属性引入Thymeleaf标签。
　　A. xmlns　　B. xml　　C. template　　D. iframe
（3）缓存可以存在于多个层级，但不包括（　　）。
　　A. 硬件缓存　　　　　　　　B. 操作系统缓存
　　C. 应用程序缓存　　　　　　D. 用户数据缓存
（4）Spring Boot支持向应用程序（　　）地添加缓存。可以自由地选择缓存的具体实现。
　　A. 显式　　B. 静默　　C. 透明　　D. 隐式
（5）（　　）是JSR-107的最终定制规范，开发人员共同遵守这一规范可以简化沟通，让开发更加轻松。
　　A. Java Caching　　B. Java Langing　　C. Java Apuliaing　　D. Java Education
（6）Java Caching定义的核心接口中，不包含（　　）。
　　A. Main　　　　　　　　　　B. CachingProvider
　　C. Cache　　　　　　　　　 D. CacheManager
（7）（　　）注解的作用主要针对方法配置，该注解的作用是根据一定的条件对缓存进行清空。
　　A. @CacheEvict　　B. @Approach　　C. @Guarantee　　D. @Luigi
（8）使用Redis第三方组件进行缓存管理，需要搭建（　　）进行缓存存储，而不是像Spring Boot默认缓存管理直接存储在内存中。
　　A. 存储队列　　B. 数据表　　C. 数据仓库　　D. 多线程
（9）由于实体类对象进行缓存必须先序列化，所以Users实体类必须要实现JDK自带的（　　）接口。
　　A. Opinion　　B. Kwanzaa　　C. Cigarette　　D. Serializable
（10）（　　）是消息队列机制的重要组件。
　　A. 消息队列生命周期　　　　B. 消息队列规则
　　C. 消息队列中间件　　　　　D. 消息队列配置

学习评价

通过学习本项目，看自己是否掌握了以下技能，在技能检测表中标出已掌握的技能。

评价标准	个人评价	小组评价	教师评价
（1）是否具备使用Thymeleaf模板展示数据的能力			
（2）是否具备为Spring Boot项目整合Redis实现缓存的能力			

注：A为能做到；B为基本能做到；C为部分能做到；D为基本做不到。

项目 7

Spring Boot 安全机制

项目导言

在企业级Web应用系统开发中，对系统的安全和权限控制通常是必需的。例如，没有访问权限的用户，不能访问系统页面。实现访问控制的方法多种多样，可以通过过滤器、AOP和拦截器等实现，也可以直接使用框架实现，例如，Apache Shiro和Spring Security。很多成熟的大公司都会有一套完整的SSO（单点登录）、ACL（Access Control List，权限访问控制列表）和UC（用户中心）系统，但是在开发中小型系统的时候，往往还是优先选择轻量级通用的框架解决方案。本项目通过对Spring Boot的安全机制的讲解，通过不同的机制实现用户的登录认证。

学习目标

- 了解JWT的概念；
- 熟悉JWT的认证流程；
- 掌握JJWT库的概念以及使用方法；
- 了解集成权限认证框架的概念；
- 熟悉Shiro功能模块的使用方法；
- 掌握Shiro核心组件的使用场景；
- 具备Spring Boot整合JJWT实现登录认证的能力；
- 具备使用Shiro完成登录认证的能力；
- 具备精益求精、坚持不懈的精神；
- 具有独立解决问题的能力；
- 具备灵活的思维和处理分析问题的能力；
- 具有责任心。

任务1 智慧信息管理系统的登录认证

任务描述

一般来说，Web应用的安全性包括用户认证和用户授权两个部分。用户认证指的是验证某个用户是否为系统中的合法主体，也就是说用户能否访问该系统。用户认证一般要求用户提供用户名和密码。系统通过校验用户名和密码来完成认证过程。

知识准备

一、什么是JWT

JWT（JSON Web Token）是一种用于身份验证和授权的开放标准（RFC 7519）。它是一种紧凑的、自包含的方式，用于在双方之间安全传输JSON格式的信息，可以对数据进行可选的数字加密。JWT可以用于多种目的，例如，作为Bearer Token实现认证功能，或用于安全地传递信息。

JWT由三部分组成：头部（Header）、载荷（Payload）和签名（Signature）。

1）头部（Header）：头部通常由两部分组成：令牌的类型（即JWT）和所使用的签名算法（例如，HMAC SHA256或RSA）。头部需要进行Base64编码。

2）载荷（Payload）：载荷包含了要传输的数据，例如，用户ID、用户名和角色等。载荷也可以包含其他自定义的数据。载荷同样需要进行Base64编码。

3）签名（Signature）：签名由头部、载荷和一个密钥组成。签名用于验证JWT的完整性和真实性。签名的生成过程是将头部和载荷进行编码后与密钥进行加密，生成一个哈希值。签名通常使用密钥进行加密，并与头部和载荷一起发送。JWT可以使用HMAC算法或RSA公私钥对进行签名，以确保传输的信息可以被验证和信任。由于JWT支持数字加密，因此可以通过对其进行加密来保护敏感信息。

JWT具有以下优点：

1）轻量级：JWT的数据量相对较小，适合在网络中传输。
2）自包含：JWT中包含了所有必要的信息，服务器不需要在数据库中查找用户信息。
3）可扩展：JWT的载荷可以包含自定义的声明信息，满足不同场景的需求。
4）安全性：JWT的签名可以保证令牌的完整性和真实性，防止被篡改。

总而言之，JWT是一种用于身份验证和授权的开放标准，通过使用签名和加密技术，可以安全地传输信息。它具有无状态、可扩展和灵活的特点，适用于构建分布式和扩展性要求高的系统。

二、JWT认证流程

JWT认证流程如图7-1所示，具体步骤如下：

第一步：客户端使用用户名和密码向服务器发送登录请求。

第二步：服务器验证用户名和密码，如果验证通过，则生成一个JWT，并将其发送给客户端。客户端将JWT保存在cookie或localStorage中。

第三步：请求系统API携带JWT向服务器发送请求，将其放入HTTP标头的授权位。

第四步：服务器接收到请求后，解析JWT，并验证其签名。

第五步：如果签名验证成功，并且JWT中包含的有效期也没有过期，则认为该请求是合法的，执行业务逻辑，并响应数据给前端，前端对数据进行展示。

第六步：如果验证失败，则返回错误消息，前端对错误消息进行展示并跳转到登录界面。

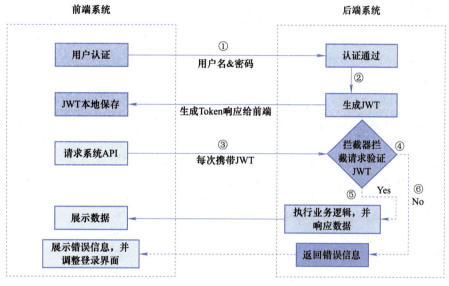

图7-1 JWT认证流程

在JWT认证流程中，服务器并不保存JWT，而是通过验证JWT的值和签名来确定请求是否合法。这种方式可以避免在多个请求中传输用户信息，也可以保护用户信息不被泄露。同时，JWT可以使用HMAC算法或RSA公私钥对进行签名，以确保传输的信息可以被验证和信任。

三、JJWT库简介

JJWT（Java JSON Web Token）是一个用于创建和解析JSON Web Token（JWT）的Java库，JJWT库提供了一组API，可以方便地创建、解析和验证JWT。它支持各种加密算法和签名算法，例如，HMAC、RSA和ECDSA。通过使用JJWT库，开发人员可以轻松地生成和验证JWT，以实现安全的身份验证和授权机制。

JJWT库的特点包括：

1）简单易用：JJWT库提供了简洁的API，使开发人员可以轻松地创建和解析JWT。

2）支持各种算法：JJWT库支持多种加密算法和签名算法，例如，HMAC、RSA和ECDSA，以满足不同的安全需求。

3）可扩展性：JJWT库提供了灵活的API，可以自定义头部和负载的内容，并支持自定义的加密和签名算法。

4）高性能：JJWT库采用了高效的算法和数据结构，以提高性能和吞吐量。

总之，JJWT库是一个功能强大、易于使用和高性能的Java库，用于创建和解析JSON Web Token。它为开发人员提供了便捷的方式来实现安全的身份验证和授权机制。

任务实施

扫码观看视频

要使用Spring Boot和JJWT实现登录认证功能，具体步骤如下：

第一步：在Maven项目中，可以在pom.xml文件中添加JJWT依赖，代码如下。

```xml
<dependency>
    <groupId>io.jsonwebtoken</groupId>
    <artifactId>jjwt</artifactId>
    <version>0.9.1</version>
</dependency>
```

第二步：修改相关配置，代码如下。

```
spring.application.name=jwtauthenticationtest
server.port=8989
spring.datasource.type=com.alibaba.druid.pool.DruidDataSource
spring.datasource.driver-class-name=com.mysql.cj.jdbc.Driver
spring.datasource.url=jdbc:mysql://localhost:3306/mydb?useUnicode=true&characterEncoding=utf8&nullCatalogMeansCurrent=true&serverTimezone=UTC
spring.datasource.username=root
spring.datasource.password=root


mybatis.type-aliases-package=cn.inspur.pojo
mybatis.mapper-locations=classpath:com/inspur/mapper/*.xml


logging.level.com.baizhi.dao=debug
```

第三步：创建用户实体类，代码如下。

```java
@NoArgsConstructor
@AllArgsConstructor
@Data
@Accessors(chain=true)
public class User {
    private String id;
    private String name;
    private String pwd;
}
```

第四步：创建用户服务层接口UserService，代码如下。

```java
public interface UserService {
    User login(User user);//登录
}
```

第五步：创建UserService实现类，用于实现用户登录校验及生成Token的功能，代码如下。

```java
@Service
@Transactional
public class UserServiceImpl implements UserService {
    @Autowired
    private UserMapper userMapper;
    @Override
    @Transactional(propagation = Propagation.SUPPORTS)
    public User login(User user) {
        //根据接收用户名密码查询数据库
        User userDB = userMapper.login(user);

        if(userDB!=null){
            return userDB;
        }
        throw  new RunException("登录失败~~");
    }
}
```

第六步：创建Mapper接口，代码如下。

```java
@Mapper
@Repository
public interface UserMapper {
    User login(User user);
}
```

第七步：编写JWTUtils工具类，代码如下。

```java
@Slf4j
public class JWTUtils {
    // 签名时使用的secret
    private static final String key = "token16546461";

    /**
     * 生成token  header.payload.sing
     */
    public static String getToken(Map<String, Object> claims) {
        // JWT的签发时间
        long nowMillis = System.currentTimeMillis();
        Date now = new Date(nowMillis);
        //指定签名的时候使用的签名算法
        SignatureAlgorithm signatureAlgotithm = SignatureAlgorithm.HS256;
        //默认设置7天过期
```

```java
        long expMillis = nowMillis + 604800000L;
        Date expirationDate = new Date(expMillis);
        String token = Jwts.builder()//创建jwt builder
                .setClaims(claims)//必须放最前面，不然后面设置的东西都会没有：例如，setExpiration会
                                    没有时间
                .setId(UUID.randomUUID().toString())// JWT唯一标识
                .setIssuedAt(now)// 签发时间
                .setExpiration(expirationDate)//过期时间
                .signWith(signatureAlgotithm, key)// 设置签名使用的签名算法和使用的密钥
                .compact();
        return token;
}

/**
 * 对token进行解析
 */
public static Claims parseJwt(String token) throws Exception {
    String msg = null;
    try{
        Claims claims = Jwts.parser()
                .setAllowedClockSkewSeconds(604800) // 允许7天的偏移
                .setSigningKey(key) // 设置签名密钥
                .parseClaimsJws(token).getBody(); // 设置需要解析的JWT
        return claims;
    }catch (SignatureException se) {
        msg = "密钥错误";
        log.error(msg, se);
        throw new RunException(msg);

    }catch (MalformedJwtException me) {
        msg = "密钥算法或者密钥转换错误";
        log.error(msg, me);
        throw new RunException(msg);

    }catch (MissingClaimException mce) {
        msg = "密钥缺少校验数据";
        log.error(msg, mce);
        throw new RunException(msg);

    }catch (ExpiredJwtException mce) {
        msg = "密钥已过期";
```

```java
            log.error(msg, mce);
            throw new RunException(msg);

        }catch (JwtException jwte) {
            msg = "密钥解析错误";
            log.error(msg, jwte);
            throw new RunException(msg);
        }
    }
}
```

第八步：编写Controller类，代码如下。

```java
@Api(tags = "登录")
@RestController
@Slf4j
public class UserController {
    @Autowired
    private UserService userService;

    @ApiOperation(value = "登录接口")
    @GetMapping("/user/login")
    public Map<String, Object> login(User user) {
        log.info("用户名: [{}]", user.getName());
        log.info("密码: [{}]", user.getPwd());
        Map<String, Object> map = new HashMap<>();
        try {
            User userDB = userService.login(user);
            Map<String, Object> payload = new HashMap<>();
            payload.put("id", userDB.getId());
            payload.put("name", userDB.getName());
            //生成JWT的令牌
            String token = JWTUtils.getToken(payload);
            map.put("state", true);
            map.put("msg", "认证成功");
            map.put("token", token);//响应token
        } catch (Exception e) {
            map.put("state", false);
            map.put("msg", e.getMessage());
        }
        return map;
    }
```

```java
@ApiOperation(value = "测试接口")
@PostMapping("/user/test")
public Map<String, Object> test(HttpServletRequest request) throws Exception {
    Map<String, Object> map = new HashMap<>();

    String token = request.getHeader("token");
    try {
        Claims claims = JWTUtils.parseJwt(token);
        log.info("用户id: [{}]", claims.get("id"));
        log.info("用户name: [{}]", claims.get("name"));
        map.put("state", true);
        map.put("msg", "请求成功!");
    } catch (RunException e) {
        map.put("state", false);
        map.put("msg", e.getMessage());
    }
    //处理自己业务的逻辑
    return map;
}
```

第九步：使用接口测试工具进行测试。

当用户名和密码正确的时候，效果如图7-2所示。

图7-2　用户名和密码正确

当用户名正确、密码不正确的时候，效果如图7-3所示。

图7-3 用户名正确、密码不正确

任务2 智慧信息管理系统的权限管理

任务描述

正如Apache Shiro官网所说，Apache Shiro的首要目标是易于使用和理解。安全有时可能非常复杂，甚至是痛苦的，但并非必须如此。框架应尽可能掩盖复杂性，并提供简洁直观的API，以简化开发人员的工作，并确保其应用程序安全地工作。本任务将通过对Shiro功能模块及核心组件的讲解，完成登录认证模块的制作。

知识准备

一、集成权限认证框架

集成权限认证框架是为了实现身份验证和授权功能而设计的，它可以帮助应用程序安全地管理用户身份和访问权限。以下是一些常见的集成权限认证框架：

Spring Security：Spring Security是一个基于Spring框架的安全框架，提供了广泛的功能，包括身份验证、授权、密码加密和会话管理等。它支持各种认证方式，例如，用户名/密码、OAuth和OpenID等。

Shiro：Shiro是一个轻量级的Java安全框架，提供了身份验证、授权、加密和会话管理等基本功能，并支持多种认证方式，例如，LDAP、Active Directory等。

Apache CAS：Apache CAS是一个开源的轻量级身份验证和单点登录系统，支持多种协议和平台，例如，SAML、OAuth和OpenID等。

Okta：Okta是一个云身份验证和授权平台，提供了身份验证、授权和多因素认证等功能，可以帮助开发人员快速构建安全的应用程序。

Auth0：Auth0是一个身份验证和授权平台，支持多种认证方式，例如，用户名/密码、OAuth和OpenID等，并提供了丰富的事件和用户属性，方便开发人员进行自定义逻辑的实现。

以上是常见的集成权限认证框架，开发人员可以根据具体的应用场景和需求选择合适的框架。

二、Shiro功能模块

Apache Shiro是一个Java安全框架，可以实现用户认证、授权、加密和会话管理等功能。Shiro可以帮助用户完成认证、授权、加密、会话管理、与Web集成和缓存等功能。Shiro具有简单易懂的API，使用Shiro可以快速并且简单地应用到任何应用中，从最小的移动App到最大的企业级Web应用都可以使用。Apache Shiro是一个强大且易于使用的Java安全框架，提供了身份验证、授权、加密和会话管理等功能。Shiro的主要功能模块如图7-4所示。

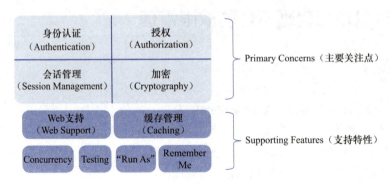

图7-4 Shiro的主要功能模块

图7-4中每个模块的含义如下：

身份认证（Authentication）：Shiro提供了各种身份认证的方式，包括用户名/密码认证、基于令牌的认证和LDAP认证等。开发人员可以根据具体需求选择合适的认证方式，并通过Shiro提供的API进行认证操作。

授权（Authorization）：Shiro提供了细粒度的授权机制，可以将权限授予用户或角色，并在应用程序中进行权限检查。开发人员可以使用Shiro的注解或API进行授权操作，以实现对资源的访问控制。

会话管理（Session Management）：Shiro提供了会话管理的功能，可以跟踪和管理用户的会话状态。开发人员可以使用Shiro提供的API进行会话管理操作，例如，创建会话、销毁会话和获取会话属性等。

加密（Cryptography）：Shiro提供了一套强大的加密和哈希算法，用于保护用户密码和敏感数据的安全。开发人员可以使用Shiro提供的API进行数据加密和解密操作，以保护数据的机密性。

Web支持（Web Support）：Shiro提供了对Web应用程序的支持，可以轻松地为Web应用程序添加身份验证和授权功能。开发人员可以使用Shiro提供的过滤器和标签库来集成Shiro到Web应用程序中。

缓存管理（Caching）：Shiro提供了缓存管理的功能，可以将用户和角色的信息缓存在内存中，提高系统的性能和响应速度。开发人员可以使用Shiro提供的API进行缓存管理操作，例如，添加缓存、清除缓存等。

Concurrency：Shiro支持多线程应用的并发验证，例如，在一个线程中开启另一个线程，能把权限自动传播过去。

Testing：提供测试支持。

"Run As"：允许一个用户使用另一个用户的身份进行访问。

Remember Me：记住我，即一次登录后，下次再来就不用登录了。

RESTful支持：Shiro提供了对RESTful服务的支持，可以轻松地为RESTful服务添加身份验证和授权功能。开发人员可以使用Shiro提供的API进行RESTful服务的安全管理。

总结来说，Shiro是一个功能丰富的安全框架，提供了身份认证、授权、加密和会话管理等多个功能模块，可以帮助开发人员构建安全可靠的应用程序。无论是Web应用程序还是RESTful服务，Shiro都提供了相应的支持，使得安全功能的集成变得简单和高效。

三、Shiro核心组件

Shiro的核心组件包，如图7-5所示。

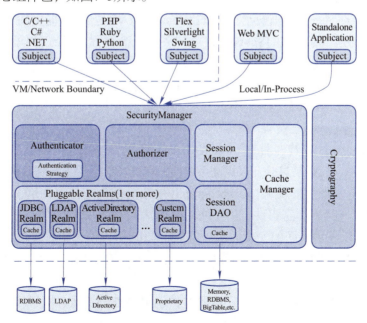

图7-5 Shiro的核心组件包

Subject（主体）：Subject是Shiro的核心概念，代表当前与应用程序交互的用户。它可以是用户、第三方服务或任何与系统交互的东西。Subject是Shiro进行安全操作的核心接口，外部程序通过与Subject进行交互来进行认证和授权。Subject可以执行身份验证和授权操作，并在应用程序中执行安全操作。

SecurityManager（安全管理器）：SecurityManager是Shiro的核心组件，负责管理所有的Subject、认证和授权操作。它是Shiro框架的入口点，协调各种安全操作。SecurityManager管理所有的Subject，负责进行认证和授权、会话管理以及缓存管理等工作。它还与Shiro的其他组件（如Realm、Authenticator、SessionManager等）进行交互，以确保整个安全机制正常运行。

Pluggable Realms（可扩展领域）：Pluggable Realms是Shiro中用于获取认证信息和授权数据的接口或组件。它们允许Shiro从不同的数据源（如数据库、LDAP目录、文件系统等）中检索用户、角色和权限信息。当需要对用户进行身份认证时，Pluggable Realms会从配置的数据源中检索用户的身份信息（如用户名和密码），并将其与用户提交的认证信息进行比对，以验证用户的身份。在授权过程中，Pluggable Realms同样会从数据源中检索用户的角色和权限信息，以便Shiro判断用户是否有权访问特定的资源或执行特定的操作。

Authenticator（认证器）：Authenticator负责对Subject进行身份验证。它接收Subject提交的身份凭证（例如，用户名和密码），并与Realm中的用户信息进行比对，以确定Subject的身份是否有效。

Authorizer（授权器）：Authorizer负责对Subject进行授权。它根据Subject的身份和请求的操作，从Realm中获取相应的权限信息，并决定Subject是否有权执行该操作。

SessionManager（会话管理器）：SessionManager负责管理Subject的会话。它创建、维护和销毁Subject的会话，并提供会话相关的功能，例如，会话超时、会话验证等。

SessionDAO（会话数据访问对象）：SessionDAO是Shiro提供的一个数据交互层的接口，其作用是将内存中的Session数据持久化至缓存数据库或其他持久化设备中，以便实现Session的共享和持久化存储。提供了将Session写入数据库、从数据库中读取Session、更新Session信息以及删除Session等增删改查操作的方法。通过实现这个接口，开发者可以将Session数据保存到任何支持的数据源中，如关系型数据库、NoSQL数据库或缓存系统等。

CacheManager（缓存管理器）：CacheManager负责管理Shiro的缓存。它可以用于缓存Subject的身份信息、权限信息等，以提高系统性能和减轻数据库或其他数据源的负载。

Cryptography（加密模块）：Cryptography是Shiro的加密模块，用于保护数据的安全性。Shiro提供了一系列加密组件，用于如密码加密/解密等安全操作。它支持多种加密算法和加密策略，以满足不同的安全需求。例如，Shiro可以使用哈希算法（如MD5、SHA等）将密码转换为哈希值进行存储和验证；同时，它还支持加盐加密和多次迭代加密等高级加密技术以提高密码的安全性。

以上是Shiro的核心组件包，它们共同协作以提供身份验证、授权和会话管理等安全功能。

任务实施

扫码观看视频

本任务是使用Spring Boot整合Shiro实现智慧信息管理系统中登录认证,使用的数据库是在任务1的基础上添加了一个perms用户权限的字段,具体实现登录认证步骤如下。

第一步:在Maven项目中,可以在pom.xml文件中添加thymeleaf、Shiro依赖,代码如下。

```xml
<!--thymeleaf-->
<dependency>
    <groupId>org.thymeleaf</groupId>
    <artifactId>thymeleaf-spring5</artifactId>
    <version>3.0.11.RELEASE</version>
</dependency>
<!--Shiro 和 Spring整合-->
<dependency>
    <groupId>org.apache.shiro</groupId>
    <artifactId>shiro-spring</artifactId>
    <version>1.7.1</version>
</dependency>
```

第二步:修改相关配置,代码如下。

```
spring:
 datasource:
  username: root
  password: root
  url: jdbc:mysql://localhost:3306/mydb?serverTimezone=UTC&useUnicode=true&characterEncoding=utf-8
  driver-class-name: com.mysql.cj.jdbc.Driver
  type: com.alibaba.druid.pool.DruidDataSource
#Spring Boot 默认是不注入这些属性值的,需要自己绑定
#Druid 数据源专有配置
  initialSize: 5
  minIdle: 5
  maxActive: 20
  maxWait: 60000
  timeBetweenEvictionRunsMillis: 60000
  minEvictableIdleTimeMillis: 300000
  validationQuery: SELECT 1 FROM DUAL
  testWhileIdle: true
  testOnBorrow: false
  testOnReturn: false
  poolPreparedStatements: true
  filters: stat,wall,log4j
  maxPoolPreparedStatementPerConnectionSize: 20
```

```yaml
    useGlobalDataSourceStat: true
    connectionProperties: druid.stat.mergeSql=true;druid.stat.slowSqlMillis=500
#别名配置
mybatis:
  type-aliases-package: com.inspur.pojo
  configuration:
    map-underscore-to-camel-case: true
    mapper-locations=classpath: mapper/*.xml
```

第三步：创建用户实体类，代码如下。

```java
@NoArgsConstructor
@AllArgsConstructor
@Data
public class User {
    private int id;
    private String name;
    private String pwd;
    private String perms;
}
```

第四步：创建用户服务层接口UserService，代码如下。

```java
public interface UserService {
    public User findUserByName(String uname);
}
```

第五步：创建UserService实现类，用于实现用户登录校验及生成Token的功能，代码如下。

```java
@Service
public class UserServiceImpl implements UserService {
    @Autowired
    UserMapper userMapper;
    @Override
    public User findUserByName(String uname) {
        return userMapper.findUserByName(uname);
    }
}
```

第六步：创建Mapper接口，代码如下。

```java
@Mapper
@Repository
public interface UserMapper {
    public User findUserByName(String uname);
}
```

在resources目录下的mapper文件夹下创建Mapper配置文件，代码如下。

```xml
<?xml version="1.0" encoding="UTF-8" ?>
<!DOCTYPE mapper
        PUBLIC "-//mybatis.org//DTD Mapper 3.0//EN"
        "http://mybatis.org/dtd/mybatis-3-mapper.dtd">
<mapper namespace="com.inspur.mapper.UserMapper">
    <select id="findUserByName" resultType="User">
select * from t_user where name like #{uname}
</select>
</mapper>
```

第七步：编写UserRealm类，用来实现用户登录认证逻辑，代码如下。

```java
public class UserRealm extends AuthorizingRealm {
    @Autowired
    UserService service;
//授权
    @Override
    protected AuthorizationInfo doGetAuthorizationInfo(PrincipalCollection principalCollection) {
        System.out.println("执行了===>用户授权");
        return null;
    }
//认证
    @Override
    protected AuthenticationInfo doGetAuthenticationInfo(AuthenticationToken authenticationToken) throws AuthenticationException {
        System.out.println("执行了===>登录认证");
        UsernamePasswordToken token = (UsernamePasswordToken) authenticationToken;
        //连接真实的数据库
        User user = service.findUserByName(token.getUsername());
        if (user==null){//没有该用户
            return null;
        }
        Subject subject = SecurityUtils.getSubject();
        //将登录用户放入session中
        subject.getSession().setAttribute("loginUser",user);
        //密码认证
        return  new SimpleAuthenticationInfo(user,user.getPwd()," ");
    }
}
```

第八步：创建ShiroConfig类，实现Shiro配置，代码如下。

```java
@Configuration
public class ShiroConfig {
    //创建 ShiroFilterFactoryBean
    @Bean
    public ShiroFilterFactoryBean getShiroFilterFactoryBean(@Qualifier("securityManager")
DefaultWebSecurityManager securityManager) {
        ShiroFilterFactoryBean bean = new ShiroFilterFactoryBean();
        //设置安全管理器
        bean.setSecurityManager(securityManager);
        // bean.setLoginUrl("/login");
        return bean;
    }
    //创建 DefaultWebSecurityManager
    @Bean(name = "securityManager")
    public DefaultWebSecurityManager getDefaultWebSecurityManager(@Qualifier("userRealm")
UserRealm userRealm) {
        DefaultWebSecurityManager securityManager = new DefaultWebSecurityManager();
        //关联Realm
        securityManager.setRealm(userRealm);
        return securityManager;
    }
    //创建 Realm 对象
    @Bean
    public UserRealm userRealm() {
        return new UserRealm();
    }
}
```

第九步： 在resources目录的templates文件夹下创建主页面和登录页面，登录页面代码如下。

```html
<div class="container">
    <div class="row">
        <div class="col-md-4 col-md-offset-3">
            <h1>登录页面</h1>
        </div>
    </div>
    <div class="row">
        <div class="col-md-4  col-md-offset-2">
            <p style="color:red;" th:text="${msg}"></p>
        </div>
```

```html
        </div>
        <form class="form-horizontal" th:action="@{/doLogin}">
            <div class="form-group">
                <label class="col-sm-2 control-label">用户名</label>
                <div class="col-sm-4">
                    <input type="text" class="form-control" name="username">
                </div>
            </div>
            <div class="form-group">
                <label class="col-sm-2 control-label">密码</label>
                <div class="col-sm-4">
                    <input type="password" class="form-control" name="password">
                </div>
            </div>
            <div class="form-group">
                <div class="col-sm-offset-2 col-sm-10">
                    <button type="submit" class="btn btn-default">登录</button>
                </div>
            </div>
        </form>
    </div>
```

第十步：编写控制类，用来实现对主页面和登录页面的访问、登录等功能，代码如下。

```java
@Controller
public class MyControler {
    @RequestMapping({"/index","/"})
    public String toIndex(Model model){
        model.addAttribute("msg","hello shiro");
        return "index";
    }
    @RequestMapping("/login")
    public String toLogin(){
        return "login";
    }
    @RequestMapping("/doLogin")
    public String doLogin(String username,String password,Model model){
        System.out.println("doLogin");
        //封装用户数据
        UsernamePasswordToken token = new UsernamePasswordToken(username ,password);
        //获取当前用户
```

```
        Subject currentUser = SecurityUtils.getSubject();
        //执行登录的方法，只要没有异常代表登录成功
        try {
            currentUser.login(token);
            return "index";
        } catch (UnknownAccountException uae) {
            model.addAttribute("msg","用户名不存在");
            return "login";
        } catch (IncorrectCredentialsException ice) {
            model.addAttribute("msg","密码错误");
            return "login";
        }
    }
    @RequestMapping("/logout")
    public String logout(){
        Subject currentUser = SecurityUtils.getSubject();
        currentUser.logout();
        return "index";
    }
}
```

第十一步： 运行项目，进入首页，效果如图7-6所示。

图7-6　首页效果图

在主页面上单击"登录"按钮，进入"登录"页面输入用户名和密码，效果如图7-7所示。

图7-7　输入用户名和密码

在"登录"页面单击"登录"按钮，在此过程中执行了Shiro认证功能，在控制台输出

登录认证，效果如图7-8所示。

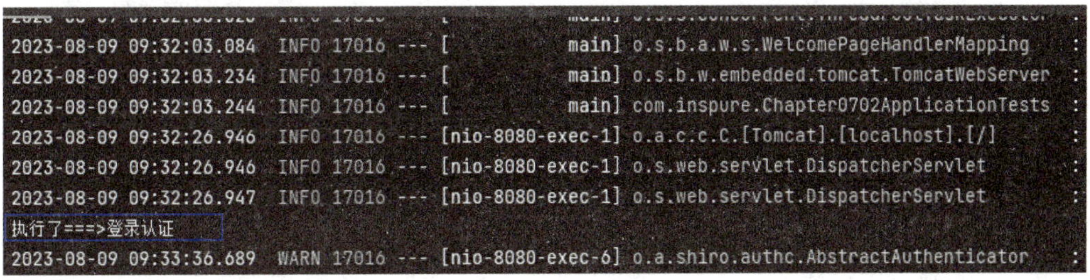

图7-8　控制台输出登录认证

项目小结

本项目通过对Spring Boot安全机制的讲解，使读者对JWT的概念以及认证流程有初步了解，并能够掌握JJWT库的使用方法，熟悉集成权限认证框架的使用方法与使用场景，最后通过所学知识为之后的学习打好基础。

课后习题

选择题

（1）JWT是一种紧凑的、自包含的方式，用于在双方之间安全传输（　　）格式的信息。

　　A. 类　　　　　B. 数组　　　　　C. 对象　　　　　D. JSON

（2）JWT的组成中，不包含（　　）。

　　A. 头部　　　　B. 载荷　　　　　C. 密钥　　　　　D. 签名

（3）JWT的优点是它是（　　）的，即服务器不需要在后端存储用户的会话信息。

　　A. 无状态　　　B. 维护性高　　　C. 隐私性强　　　D. 迷你

（4）JWT认证流程中，在服务器接收到请求后执行的步骤是（　　）。

　　A. 返回资源给客户端　　　　　　　B. 返回token给客户端

　　C. 进行身份验证　　　　　　　　　D. 解析JWT并验证其签名

（5）在JWT认证流程中，服务器（　　），而是通过验证JWT的值和签名来确定请求是否合法。

　　A. 不保存JWT　　B. 保存Token　　C. 缓存JWT　　　D. 保存载荷

（6）Shiro的功能模块不包括（　　）。

　　A. 认证　　　　B. 用户痕迹　　　C. 授权　　　　　D. 会话管理

（7）Shiro中，（　　）模块决定用户是否有权限进行某个操作或访问某个资源。
　　　A. Web集成　　　B. 缓存管理　　　C. 授权　　　D. 身份验证
（8）Shiro的核心组件不包括（　　）。
　　　A. 安全管理器　　B. 授权器　　　C. 验证器　　　D. 缓存控制器
（9）Web应用的安全性包括用户认证和（　　）两个部分。
　　　A. 用户数据　　　B. 用户测试　　C. 用户校对　　D. 用户授权
（10）服务器验证用户名和密码，如果验证通过，则（　　），并将其发送给客户端。
　　　A. 缓存用户信息　　　　　　　　B. 创建一个数据表
　　　C. 生成一个JWT　　　　　　　　D. 通知授权管理模块进行授权

学习评价

通过学习本项目，看自己是否掌握了以下技能，在技能检测表中标出已掌握的技能。

评价标准	个人评价	小组评价	教师评价
（1）是否具备Spring Boot整合JJWT实现登录认证的能力			
（2）是否具备使用Shiro完成权限管理模块的能力			

注：A为能做到；B为基本能做到；C为部分能做到；D为基本做不到。

参 考 文 献

[1] 杨开. 深入浅出Spring Boot 2.x[M]. 北京：人民邮电出版社，2018.

[2] 孙鑫. 详解Spring Boot：从入门到企业级开发实战[M]. 北京：电子工业出版社，2022.

[3] 章为忠. Spring Boot从入门到实战[M]. 北京：机械工业出版社，2021.

[4] 刘水镜. Spring Boot趣味实战课[M]. 北京：电子工业出版社，2022.

[5] 黑马程序员. 微服务架构基础：Spring Boot+Spring Cloud+Docker[M]. 北京：人民邮电出版社，2018.

[6] 十三. Spring Boot实战：从0开始动手搭建企业级项目[M]. 北京：电子工业出版社，2021.

[7] 沃斯. Spring实战[M]. 张卫滨，吴国浩，译. 6版. 北京：人民邮电出版社，2022.